普通高等教育"十三五"规划教材

水力学实验指导书

杨中华　李丹　李琼　王京辉　编著

U0237986

中国水利水电出版社
www.waterpub.com.cn
·北京·

内 容 提 要

本书是为水力学、工程流体力学、流体力学等课程实验编著的教材。全书分为四部分，包含演示类实验、操作类实验、综合设计类实验和附录。实验内容涵盖了水静力学，流体运动基本原理，恒定总流连续性方程、能量方程及动量方程，不同流动型态及水头损失规律，沿程水头损失及局部水头损失规律，孔口出流与管嘴出流，虹吸管流动，水泵流动，空化、空蚀，明渠水面曲线，堰闸流动，水跃现象，渗流流网和现代化量测技术等。

本书可作为高等院校水利、土木、环境、机械等理工科专业的教材，也可作为相关专业教师的参考书。

图书在版编目（ＣＩＰ）数据

水力学实验指导书 / 杨中华等编著. -- 北京 ： 中国水利水电出版社，2019.11
普通高等教育"十三五"规划教材
ISBN 978-7-5170-8234-7

Ⅰ．①水… Ⅱ．①杨… Ⅲ．①水力实验－高等学校－教材 Ⅳ．①TV131

中国版本图书馆CIP数据核字(2019)第254796号

书　　　名	普通高等教育"十三五"规划教材 **水力学实验指导书** SHUILIXUE SHIYAN ZHIDAOSHU
作　　　者	杨中华　李丹　李琼　王京辉　编著
出 版 发 行	中国水利水电出版社 （北京市海淀区玉渊潭南路 1 号 D 座　100038） 网址：www. waterpub. com. cn E-mail：sales@waterpub. com. cn 电话：(010) 68367658（营销中心）
经　　　售	北京科水图书销售中心（零售） 电话：(010) 88383994、63202643、68545874 全国各地新华书店和相关出版物销售网点
排　　　版	中国水利水电出版社微机排版中心
印　　　刷	北京瑞斯通印务发展有限公司
规　　　格	184mm×260mm　16 开本　6 印张　154 千字
版　　　次	2019 年 11 月第 1 版　2019 年 11 月第 1 次印刷
印　　　数	0001—2000 册
定　　　价	**18. 00 元**

前　言

水力学、工程流体力学和流体力学是工科类高等院校理工学科的重要专业基础课。这些课程的教学活动均包括理论教学和实验教学两部分。作为不可缺少的重要教学环节，实验教学起到加强学生对流动现象的感性认识、提升学生对理论原理的理解能力、帮助学生掌握实验技能和培养学生分析实验数据的能力的作用。

本书是为水力学、工程流体力学、流体力学等课程实验编著的教材，可作为高等院校的水利、土木、环境、机械等理工科专业的教材，也可作为相关专业教师的参考书。全书分为四部分，包含演示类实验 10 项、操作类实验 9 项、综合设计类实验 4 项和附录。实验内容涵盖了水静力学、流体运动基本原理，恒定总流连续性方程、能量方程及动量方程，不同流动型态及水头损失规律，沿程水头损失及局部水头损失规律，孔口出流与管嘴出流，虹吸管流动，水泵流动，空化、空蚀，明渠水面曲线，堰闸流动，水跃现象，渗流流网和现代化量测技术等。

本书第一章的第一节、第二节和第四节，第三章及附录由杨中华编写；第一章的第五节～第十节，第二章的第二节、第三节、第七节和第九节由李丹编写；第一章的第三节和第二章的第一节、第四节～第六节、第八节由李琼编写。全书由杨中华统稿，王京辉参与本书校对工作。

本书在编写过程中得到黄纪忠、詹才华、冯彩凤、杨小亭等老师的指导和帮助，同时参考了兄弟院校的实验教学研究成果，在此一并表示衷心的感谢。

由于时间仓促，水平有限，书中的缺点和错误在所难免，恳切希望读者批评指正。

作者

2019 年 10 月

目 录

第一章 演 示 类 实 验

水力学中许多关于"流动"的基本概念，如流线、无旋流与有旋流、边界层分离、漩涡运动等，都非常抽象，仅通过理论学习难以建立对其的感性认识。本章实验的首要任务是通过各类演示实验帮助读者建立直观的感性认识，加深读者对水力学基本原理的认识和理解。

第一节 流 线 演 示 实 验

一、实验目的
（1）了解电化学法流动显示方法。
（2）观察流体运动的流线、迹线和脉线，了解各种简单势流如汇流、平行流、圆柱绕流的流谱。
（3）培养读者应用势流理论分析机翼绕流等问题的能力。

二、实验原理
本实验采用电化学法电极染色显示流线技术，其染色原理如下：

工作液体是由酸碱度指示剂配制的水溶液，当其酸碱度呈中性（pH 值为 6～7）时，液体为橘黄色；若略呈碱性（pH 值为 7～8），液体变为紫红色；若略呈酸性（pH 值小于 6），液体则变为黄色。在直流电极作用下，水会发生水解电离，水解离子方程式为

$$4H_2O \xrightleftharpoons{\text{电离}} 4H^+ + 4OH^-$$

在阴极上有

$$4H^+ + 4e^- =\!=\!= 2H_2 \uparrow$$

剩余的 $4OH^-$ 使阴极附近原为中性的液体变为碱性，液体被染成紫红色。

在阳极上有

$$4OH^- - 4e^- =\!=\!= 2H_2O + O_2 \uparrow$$

剩余的 $4H^+$ 使阳极附近原为中性的液体变为酸性，液体被染成黄色。

当将阴、阳电极附近液体混合后，即发生中和反应，工作液体仍然恢复到电解前的酸碱度（中性），液体可循环使用。至于电极上产生的 H_2 和 O_2，当电极电压小于 4V 时，所产生的气体是微量的，能溶于水，不会形成气泡干扰流场。

三、实验设备
该实验设备一套共 3 台，实验设备及各部分名称如图 1-1 和图 1-2 所示。该设备中显示面由两块透明有机玻璃平板贴合而成，平板之间留有狭缝过流通道。工作液体在水泵驱动下，自仪器下部的蓄水箱流出，自下而上流过狭缝流道显示面，再经顶端的汇流孔流回到蓄水箱中。

（a）机翼绕流流线演示设备　　（b）圆柱绕流流线演示设备　　（c）文丘里与孔板流线演示设备

图 1-1　流线演示实验设备

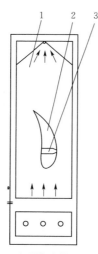 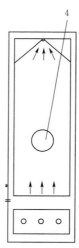 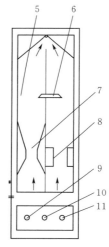

（a）机翼绕流模型　　　　　（b）圆柱绕流横行　　　　　（c）文丘里与孔板模型

图 1-2　流线演示实验设备结构简图

1—狭缝流道显示面；2—机翼绕流模型；3—孔道；4—圆柱绕流模型；5—孔板及孔板流段；
6—闸板及闸板流段；7—文丘里管及文丘里流段；8—突然扩大和突然缩小流段；
9—水泵开关；10—对比度旋钮；11—电源开关

四、实验步骤

（1）启动。将随同仪器配备的显示剂药粉与蒸馏水按说明书比例配置成工作液体后，注入仪器水箱内，即可投入正常使用。连接 220V 电源，打开水泵开关 9、电源开关 11 及微开流速调节阀（在箱体内），工作液体在流道内缓慢流动，液体在电化学作用下逐渐会显示出红色与黄色相间的流线，并沿流程向上延伸。

（2）对比度调节。调节对比度旋钮 10 可改变电极电压从而改变流线色度。色度太低，对比度差，流线显示不清晰；色度太高，电极上会产生气泡，干扰流场。一般应将电极电压调至 3～4V，流线清晰，又无气泡干扰。对比度调节好后可长期不动。

（3）观察质点运动。为了观察流线上质点的运动状况，演示时可将水泵暂时关闭 1～2s 再重新开启。

五、演示内容

1. 机翼绕流

由流动显示可见，机翼向天侧（外包线曲率较大侧）流线较密，表明流速较大，压强较低；而在机翼向地侧，流线较疏，流速较小，压强较高。这表明整个机翼受到一个向上的升力。在机翼腰部开有沟通上下两侧的孔道，孔道中有染色电极。在机翼两侧压力差的作用下，有分流经孔道从向地侧流至向天侧，通过孔道中电极释放染色流体显示出来，流动的方向即升力方向。

此外，在流道出口端（上端）还可观察到流线汇集到一处的平面汇流，流线非常密集但无交叉，从而也验证了流线不会重合的特性。

2. 圆柱绕流

由流动显示可见，零流线（沿圆柱表面的流线）在前驻点分成左右 2 支，经 90°点后在背滞点处二者又合二为一了。这是因为流道中流体流速很低 [为 $(0.5～1.0)×10^{-2}$ m/s]，能量损失极小，可忽略不计。故其绕流流体可视为理想流体，流动可视为势流。由伯努利方程可知，圆柱绕流在前驻点势能最大，在 90°点势能最小，而到达后滞点时，动能又全转化为势能，势能再次达到最大。故其流线又复原到驻点前的形状。因此所显示的圆柱上下游流谱基本对称，与根据势流理论得出的圆柱绕流流谱基本相同。

然而，当适当增大流速，雷诺数增大，流动由势流变成涡流后，流线的对称性就不复存在。此时虽圆柱上游流谱不变，但下游原合二为一的染色线被分开，尾流出现。由此可知，势流与涡流是性质完全不同的两种流动（涡流流谱参见本章第二节流动现象演示实验）。

3. 管渠过流

左侧演示文丘里管、孔板、逐渐缩小和逐渐扩大；右侧演示突然扩大、突然缩小、明渠闸板（管道阀门）等流段纵剖面上的流谱。演示在小雷诺数下进行，液体在流经这些流段时，断面有扩大有缩小。由于边界本身亦是一条流线，通过在边界上布设的电极，能显示出边界流线。

由流线显示还可说明均匀流、渐变流、急变流的流线特征。如直管段流线平行，为均匀流；文丘里的喉管段，流线的切线大致平行，为渐变流；突缩、突扩处，流线夹角大或曲率大，为急变流。

六、注意事项

（1）本实验设备在工作时，工作液体的 pH 值必须适中，一般要求为 7～8，溶液呈橘黄色，否则影响显示效果。

（2）本实验设备在工作时，一般要求流速为 0.005～0.015m/s，速度太快流线不清晰，速度太慢流线不稳定。

七、思考题

（1）在定常状态下，从仪器中看到的染色线是流线还是迹线？

（2）实验观察到驻点的流线发生转折或分叉，这是否与流线的性质矛盾？

（3）势流下的圆柱绕流是否有升力存在？为什么？

第二节　流动现象演示实验

一、实验目的

（1）了解微气泡示踪法流动可视化方法。

（2）观察管流、射流、明渠流中的多种流动现象；加深理解局部阻力、绕流阻力、柱体绕流振动的发生机理。

（3）结合工程实例，了解流体力学基本原理在工程实际中的应用。

二、实验设备

实验设备及其各部分名称如图1-3～图1-5所示。该设备以气泡为示踪介质，以透明平板间狭缝流道为流动显示面。在狭缝流道中设有特定边界流场，用以显示内流、外流、射流等多种流动图谱。如图1-4所示，水流自蓄水箱经掺气后由水泵驱动流到显示板，再通过两边的回水流道流回到蓄水箱。水流流经显示板时，因掺气夹带的无数小气泡，在仪器内的荧光灯照射和显示面底板的衬托下，发出明亮的折射光，清楚地显示出小气泡随水流流动的图像。由于气泡的粒径大小、掺气量的多少可由掺气量调节阀任意调节，故能调节小气泡使其相对水流流动具有足够的跟随性。显示板设计成多种不同形状边界，整套设备由型号为ZL-1～ZL-7的七台独立自循环仪器组成，配以不同的流动显示面（图1-4），流动图像可以形象地显示出不同边界，包括分离、尾流、旋涡等多种流动型态及其水流内部质点的运动特性。

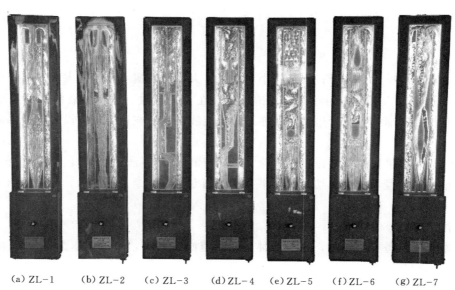

（a）ZL-1　　（b）ZL-2　　（c）ZL-3　　（d）ZL-4　　（e）ZL-5　　（f）ZL-6　　（g）ZL-7

图1-3　流动现象演示实验设备

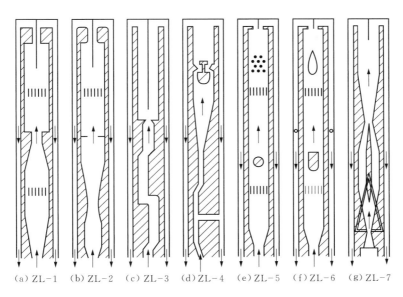

(a) ZL-1　(b) ZL-2　(c) ZL-3　(d) ZL-4　(e) ZL-5　(f) ZL-6　(g) ZL-7

图 1-4　流动现象演示实验设备显示面过流道布置图

三、实验步骤及演示内容

接通电源，将流速调到最大，逆时针关闭掺气量调节阀，等待 1～2min，待流道内充满水体后再开启阀 5 进行掺气实验。

1. ZL-1 型流动演示仪 ［图 1-4 (a)］

ZL-1 型流动演示仪可以显示逐渐扩散、逐渐收缩、突然扩大、突然收缩、壁面冲击、直角弯道等平面上的流动图像，模拟串联管道纵剖面流谱。

在逐渐扩散段可看到由边界层分离而形成的旋涡，在靠近上游喉颈处，流速越大，涡旋尺度越小，湍动强度越高；而在逐渐收缩段，流动无分离，流线均匀收缩，无旋涡，由此可知，逐渐扩散段局部水头损失大于逐渐收缩段。

在突然扩大段出现较大的旋涡区；在突然收缩段上，只在死角处和收缩断面的进口附近出现较小的旋涡区。这表明突扩段比突缩段有更大的局部水头损失（缩扩的直径比大于 0.7 时例外），而且突缩段的旋涡主要发生在突缩断面之后，所以水头损失也主要产生在突缩断面之后。

由于本仪器突缩段较短，也可理解为直角进口管嘴的流动。在管嘴进口附近，流线明显收缩，并

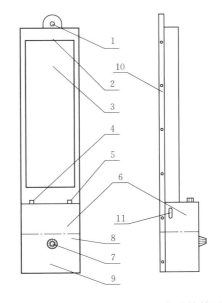

图 1-5　流动现象演示实验设备结构简图
1—挂孔；2—彩色有机玻璃面罩；3—不同边界的流动显示面；4—加水孔孔盖；5—掺气量调节阀；
6—蓄水箱；7—可控硅无级调速旋钮；
8—电器—水泵室；9—标牌；
10—铝合金框架后盖；
11—水位观测窗

有旋涡产生，致使有效过流断面减小，流速增大，从而在收缩断面出现真空。

在直角弯道和水流冲击壁面段，也有多处旋涡区出现。尤其在弯道流动中，流线弯曲更

剧烈，越靠近弯道内侧流速越小。在近内壁处，出现明显的回流，所形成的回流范围较大。将直角弯道与 ZL-2 型流动演示仪中的圆角弯道流动对比，可以看出圆角弯道旋涡范围较小，流动较顺畅，表明圆角弯道比直角弯道水头损失小。

旋涡的大小和湍动强度与流速有关，这可以通过调节流量来观察对比。当流量减小时，渐扩段流速较小，其湍动强度也较小，这时可看到在整个扩散段有明显的单个大尺度涡旋。反之，当流量增大时，单个尺度涡旋随之破碎，形成无数个小尺度的涡旋，流速越高，湍动强度越大，旋涡尺度越小。由此可见：涡旋尺度随湍动强度增大而变小，水质点间的内摩擦加强，水头损失增大。

2. ZL-2 型流动演示仪 ［图 1-4 (b)］

ZL-2 型流动演示仪显示文丘里流量计、孔板流量计、圆弧进口管嘴流量计及壁面冲击、圆弧形弯道等串联流道纵剖面上的流动图像。

由显示可见，文丘里流量计过流顺畅，流线顺直，无边界层分离和旋涡产生。在孔板前，流线逐渐收缩，汇集于孔板的过流孔口处，孔板后的水流并不是马上扩散，而是继续收缩至最小断面，称为收缩断面。在收缩断面以前，只在拐角处有小旋涡出现。在收缩断面后，水流才开始扩散。扩散后的水流犹如突然扩大管的流动那样，在主流区周围形成强烈的旋涡回流区。由此可知，孔板流量计的过流阻力远比文丘里流量计的大。圆弧进口管嘴流量计入流顺畅，管嘴过流段上无边界层分离和旋涡产生。

由以上所述可以了解三种流量计的结构、优缺点及用途。文丘里流量计由于水头损失小而广泛地应用于工业管道上来测量流量。孔板流量计结构简单，测量精度高，但水头损失很大。圆弧形管嘴出流的流量系数（0.9～0.98）大于直角进口管嘴出流的流量系数（约为0.82），说明圆弧形管嘴进口流线顺畅，水头损失小。

3. ZL-3 型流动演示仪 ［图 1-4 (c)］

ZL-3 型流动演示仪显示 30°弯头、直角圆弧弯头、直角弯头、45°弯头及非自由射流等流段纵剖面上的流动图像。

由显示可见，在每一转弯的后面，都因为边界条件的改变而产生边界层分离，从而产生旋涡。转弯角度不同，旋涡大小、形状各异，水头损失也不一样。在圆弧转弯段，由于受离心力的影响，主流偏向凹面，凸面流线脱离边壁形成回流。该流动还显示局部水头损失叠加影响的图谱。

在非自由射流段，射流离开喷口后，不断卷吸周围的液体，形成两个较大的旋涡，产生强烈的湍动，使射流向外扩散。由于两侧边壁的影响，可以看到射流的"附壁效应"现象，此"附壁效应"对壁面的稳定性有着重要的作用。若把喷口后的中间导流杆当作天然河道里的一侧河岸，则由水流的附壁效应可以看出，主流沿河岸高速流动，该河岸受水流的严重冲刷；而在主流的外侧，水流产生高速回旋，使另一侧河岸也受到局部淘刷；在喷口附近的回流死角处，因为流速小，湍动强度小，则可能出现泥沙的淤积。

4. ZL-4 型流动演示仪 ［图 1-4 (d)］

ZL-4 型流动演示仪显示弯道、分流、合流、YF-溢流阀、闸阀及蝶阀等流段纵剖面上的流动图谱。其中 YF-溢流阀固定，为全开状态，蝶阀活动可调。

由显示可见，在转弯、分流、合流等过流段上，有不同形态的旋涡出现。合流涡旋较为典型，明显干扰主流，使主流受阻，这在工程上称之为"水塞"现象。为避免"水塞"，给水排水技术要求合流时用 45°三通连接。闸阀半开，尾部旋涡区较大，水头损失也大。蝶阀全开时，过流顺畅，阻力小；半开时，尾涡湍动激烈，表明阻力大且易引起振动。蝶阀通常作检修用，故只允许全开或全关。

YF-溢流阀是压力控制元件，广泛用于液压传动系统。其主要作用是防止液压系统过载，保护泵和油路系统的安全，以及保持油路系统的压力恒定。YF-溢流阀的流动介质通常是油，本设备的流动介质是水。该装置能十分清晰地显示阀门前后的流动形态：高速流体经阀口喷出后，在阀芯的大反弧段发生边界层分离，出现一圈旋涡带；在射流和阀道的出口处，也产生一较大的旋涡环带。在阀后，尾迹区大而复杂，并有随机的卡门涡街产生。经阀芯芯部流过的小股流体也在尾迹区产生不规则的左右扰动，调节过流量，旋涡的形态仍然不变。该阀门在工作中，由于旋涡带的存在，必然会产生较激烈的振动，尤其是阀芯反弧段上的旋涡带，影响更大。高速湍动流体的随机脉动引起旋涡区真空度的脉动，这一脉动压力直接作用在阀芯上，引起阀芯的振动，而阀芯的振动又作用于流体的脉动和旋涡区的压力脉动，因而引起阀芯的更激烈振动。显然这是一个很重要的振源，而且这一旋涡环带还可能引起阀芯的空蚀破坏。

5. ZL-5 型流动演示仪［图 1-4（e）］

ZL-5 型流动演示仪显示明渠逐渐扩散、单圆柱绕流、多圆柱绕流及直角弯道等流段的流动图像。圆柱绕流是该型演示仪的特征流谱。

由显示可见单圆柱绕流时流体在驻点的停滞现象、边界层分离状况、分离点位置、卡门涡街的产生与发展过程以及多圆柱绕流时的流体混合、扩散、组合旋涡等流谱，现分述如下。

（1）驻点。观察流经圆柱前驻点的小气泡，可以看出流动在驻点上明显停滞，流速为0，表明在驻点处动能全部转化为压能。

（2）边界层分离。水流在驻点受阻后，被迫向两边流动，此时水流的流速逐渐增大，压强逐渐减小，当水流流经圆柱体的轴线位置时，流速达到最大，压强达到最小；当水流继续向下游流动时，在靠近圆柱尾部的边界上，主流开始与圆柱体分离，称为边界层的分离。边界层分离后，在分离区的下游形成回流区，称为尾涡区。尾涡区的长度和湍动强度与来流的雷诺数有关，雷诺数越大，湍动越强烈。

边界层分离常伴随着旋涡的产生，引起较大的能量损失，增加液流的阻力。边界层分离后会产生局部低压，以至于有可能出现空化和空蚀破坏现象。因此，边界层分离是一个很重要的现象。

（3）卡门涡街。边界层分离以后，如果雷诺数增加到某一数值，就不断交替地在圆柱尾部两侧产生旋涡并流向下游，形成尾流中的两条涡列，一列中某一旋涡的中心恰好对着另外一列中两个旋涡之间的中点，尾流中这样的两列旋涡称为"涡街"，也叫冯·卡门（Von Karman）涡街。旋涡的能量由于流体的黏性会逐渐消耗掉，因此在流过一定距离以后，旋涡就逐渐衰减，最终消失了。

对卡门涡街的研究，在工程实际中有很重要的意义。卡门涡街可以使柱体产生一定频率的横向振动。若该频率接近柱体的固有频率，就可能产生共振。例如，在大风中电线发出的响声就是由于其振动频率接近电线的固有频率，产生共振现象而发出的；潜艇在行进中，潜望镜会发生振动；高层建筑（高烟囱等）、悬索桥等在大风会发生振动，其根源均出于卡门涡街。为此，在设计中应予重视。

卡门涡街的频率与管流的过流量有关。可以利用卡门涡街频率与流量之间的关系，制成涡街流量计。其方法是在管路中安装旋涡发生器和检测元件，通过检测旋涡的频率信号，根据频率和流量的关系就可测出管道的流量。

（4）多圆柱绕流。多圆柱绕流被广泛用于传热系统的"冷凝器"及其他工业管道的热交换器等。流体流经圆柱时，边界层内的流体和柱体发生热交换，柱体后的旋涡则起混掺作用，然后流经下一柱体，再交换再混掺，换热效果较佳。另外，对于高层建筑群，也有类似的流动图像，即当高层建筑群承受大风袭击时，建筑物周围也会出现复杂的风向和组合气旋，这应引起建筑师的关注。

6. ZL-6 型流动演示仪 ［图 1-4（f）］

ZL-6 型流动演示仪由下至上依次演示明渠渐扩、桥墩形钝体绕流、流线体绕流、直角弯道和正反流线体绕流等流段上的流动图谱。

桥墩形钝体为圆头方尾的钝形体，水流脱离桥墩后，在桥墩的后部形成卡门涡街。该图谱说明了非圆柱绕流也会产生卡门涡街。对比观察圆柱形绕流与钝体绕流可见：前者涡街频率 f 在雷诺数 Re 不变时也不变；而后者涡街的频率具有较明显的随机性，即使 Re 不变，频率也随机变化。

7. ZL-7 型流动演示仪 ［图 1-4（g）］

ZL-7 型流动演示仪是"双稳放大射流阀"流动原理显示仪。经喷嘴喷射出的射流可附于任一侧面，即产生射流附壁现象。射流附壁现象主要原因是受射流两侧的压强差作用，附壁一侧流速大、压强低，另一侧压强大。若先附于左壁，则射流右侧压强大于左侧，射流沿左通道流动，并向右出口输出；当旋转仪器表面控制圆盘，使左气道与圆盘气孔相通（通大气）时，因大气压作用，射流左侧压强大于右侧，因而被切换至右壁，流体从左出口输出。这时若再转动控制圆盘，使左右气道均关闭，切断气流，射流仍能稳定于右通道不变。

四、注意事项

（1）水泵不能在低速下长时间工作，更不允许在通电情况下（荧光灯亮）长时间处于停转状态，只有荧光灯关灭才是真正关机，否则水泵易损坏。

（2）调速器旋钮的固定螺母松动时，应及时拧紧，以防止内接电线短路。

五、思考题

（1）在弯道等急变流段测压管水头不按静水压强规律分布的原因是什么？

（2）计算短管局部水头损失时，各单个局部水头损失之和为什么并不一定等于管道的总局部水头损失？

（3）试分析，天然河流的弯道一旦形成，在水流的作用下河道会越来越弯还是会逐渐变直？

（4）拦污栅为什么会产生振动，甚至发生断裂破坏？

第三节　能量方程演示实验

一、实验目的

（1）观察恒定流情况下，水流所具的位置势能、压强势能和动能，以及在各种边界条件下能量的守恒和转换规律，加深对能量方程物理意义的理解。

（2）观察测压管水头线和总水头线沿程变化的规律，以及水头损失现象。

（3）观察管流中的真空现象及渐变流过水断面与急变流过水断面上的动水压强分布规律。

二、实验原理

实际液体在有压管道中作恒定流时，其能量方程如下：

$$z_1 + \frac{p_1}{\gamma} + \frac{\alpha_1 v_1^2}{2g} = z_2 + \frac{p_2}{\gamma} + \frac{\alpha_2 v_2^2}{2g} + h_{w1-2} \qquad (1-1)$$

式（1-1）表明：液体在流动过程中，液体所具有的各种机械能（单位位能、单位压能和单位动能）是可以相互转化的。但由于实际液体存在黏性，液体运动时为克服阻力要消耗一定的能量，也就是一部分机械能转化为热能而散逸，即水头损失。因而机械能应沿程减小。

在均匀流或渐变流过水断面上，其动水压强分布符合静水压强分布规律：

$$z + \frac{p}{\gamma} = C \qquad (1-2)$$

但不同的过水断面上 C 值不同。

在急变流过水断面上，由于流线的曲率较大，因此惯性力亦将影响过水断面上的压强分布规律，即不符合静水压强分布规律。

三、实验设备

如图 1-6 和图 1-7 所示的能量方程演示实验设备是自循环的水流系统，在进水管段设有转子流量计，演示段由直管、突然扩大管、文丘里管、突然缩小管、虹吸管和弯管等连接而成，在管道上沿水流方向上的若干过水断面的边壁设有测压孔，在设置测压管的过水断面上同时装有单孔毕托管，可以测量测压管水头和总水头。在管道的进出口设置有调节阀门来控制流量。

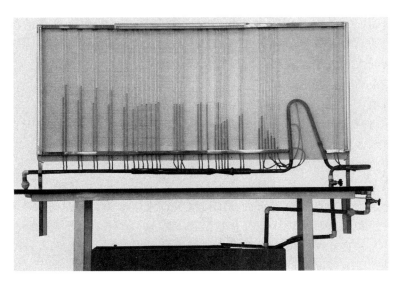

图 1-6　能量方程演示实验设备

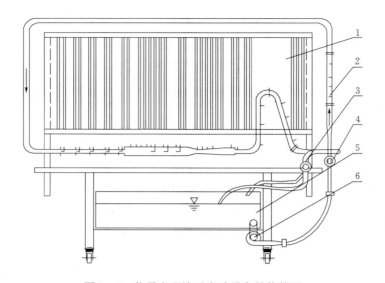

图 1-7 能量方程演示实验设备结构简图

1—测压排；2—转子流量计；3—泄水阀；4—进水阀；5—水箱；6—水泵

四、实验步骤和演示内容

（1）熟悉设备，分辨测压管和毕托管。

（2）接通电源。

（3）缓缓打开进水阀，反复开关尾阀将管道及测压管中空气排净。

（4）调节进水阀，固定某一流量（以 $Q=1500L/h$ 左右为宜），待水流稳定后，根据能量方程观察管道各断面上单位重量水体的位能、压能、动能和水头损失，并弄清能量守恒及位能、压能和动能的相互转化。

（5）观察测压管水头线和总水头线沿程变化的规律，并分析其原因。

（6）观察管道中各种局部水力现象，如突然扩大和突然缩小情况下的测压管水头的变化；渐变流过水断面上各点测压管水头相等，而急变流过水断面上各点的测压管水头不相等；虹吸管段上的真空现象等。

（7）将尾阀开大和关小，观察各测压管水面连线的变化。

（8）演示结束后，切断电源。

五、注意事项

（1）阀门开启一定要缓慢，并注意测压管中水位的变化，不要使测压管中的水上升过大，以免影响演示效果。

（2）演示实验时，一定要将管道和测压管中的空气排净。

六、思考题

（1）如何确定管中某点的位置水头、压强水头、流速水头、测压管水头和总水头？

（2）总水头线和测压管水头线是否总是沿程下降？

（3）突然扩大和突然缩小段测压管水头线是否总是上升？

（4）文丘里管段上各断面的测压管水头变化说明了什么？

（5）虹吸管段的最大真空值如何确定？

（6）弯管凸凹边壁上的测压管水头有何差异？为什么？

第四节　空化机理演示实验

一、实验目的

（1）观察不同类型空化现象。

（2）观察空化现象随流量演变过程。

（3）了解流道体型对空化的影响。

（4）加深对空化机理的认识。

二、实验原理

在液体流动的局部区域，流速过高或边界层分离，均会导致压强降低，当压强低于饱和蒸汽压时，液体内部出现气体（或蒸汽）空泡或空穴，这种现象称为空化（也叫气穴）。空化现象发生后，液流的连续性遭到了破坏。气体空泡随液体一起向下游运动，当压强增加到一定程度时，液体会以极高的速度向空泡内运动，气泡溃灭从而引起附近的固体边界的剥蚀破坏（称作空蚀或气蚀），并产生噪声、结构振动、机械效率降低等现象。本实验利用高速水流通过流道改变的区域时将产生压强变化的原理来演示空化现象。

三、实验设备

如图1-8和图1-9所示，空化机理演示实验设备以两块透明有机玻璃平板贴合而成的平板间狭缝式流道为流动显示面，水流在水泵驱动下自供水箱10分三路从下向上流经显示空化现象的流道1、2、3、4后流回供水箱。过流量分别由阀门（1）、（2）、（3）控制，其中流道3、4的过流量由阀（3）同步控制。

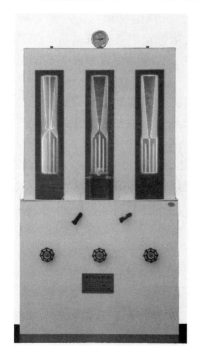

图1-8　空化机理演示实验设备

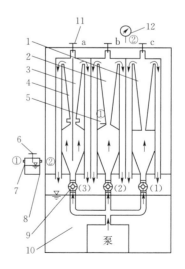

图1-9　空化机理演示实验设备结构简图

1—显示突缩渐扩型空化流道；2—显示渐缩渐扩型空化流道；3—显示矩形闸门槽空化流道；4—显示防空化型闸门槽流道；5—测压连通管管嘴；6—测压连通管连接短管；7—测压连通管管嘴；8—汽化杯；9—阀门（1）、（2）、（3）；10—自循环供水箱；11—气阀a、b、c；12—真空表本装置流动显示面有文氏管型、突缩型、矩形和防空化型闸门槽等流道。在流道 2 喉颈处设有测压点①，通过汽化杯 8 与真空表 12 连通。汽化杯用于演示常温低压下水的沸腾现象。

四、实验步骤及演示内容

（1）将气阀 11（a、b、c）关闭。

（2）将阀门 9（1）、（2）、（3）开至全开后，接通电源，仪器启动。

（3）演示空化现象。将测压连接管正确连接。仪器启动后可见（图 1-9），在流道 1、2 的喉部和流道 3 的闸门槽处出现乳白色雾状空化云，还可听到从空化区发出的空化噪声，这就是空化现象。空化区的负压（真空）相当大，真空表显示最大真空度接近 10m 水柱（98kPa）。空化按其型态可分游移型、边界分离型和旋涡型等三种。实验观察可见，在流道 1 喉颈中心线附近出现的游移状空化云，为游移型空化；在流道 2 的喉道出口处两侧产生的附着于转角两边较稳定的空化云，为边界分离型空化；而发生于流道 3 中闸门槽（凹口内）旋涡区的空化云，则为旋涡型空化。

（4）演示空化机理。先向汽化杯 8 中注入半杯水温约 40℃ 的新鲜自来水，压紧橡皮塞杯盖，然后将连接短管 6 两侧的测压连通管分别拔下转接到汽化杯两侧的管嘴 7。通过连通管使汽化杯中的空腔分别与流道喉管和真空表相连通。负压作用下，汽化杯内的空气通过流道喉颈被吸出，从真空表的读数可以看出表面压强逐渐减低。当真空表读数接近 -10m 水柱时，可见杯中水就开始沸腾了。

（5）演示空化发生过程。在阀门（1）、（3）全开情况下，先关闭阀门（2），然后再逐渐开启。当开度达到真空表值 -6m 水柱时，实验观察可见，真空表表针出现剧烈摆动，喉颈处发生时隐时现的空化现象，并开始发出空化噪声，这便是初生空化状态。随着阀门（2）开度逐渐增大，真空度随之增高，喉颈处的空化云也随之增大，但真空表的指针摆动反而减少。这些现象表明，空化的发生有一个临界状态，超过临界状态，空化形成并范围增大，在临界状态下，压力波动较剧。

（6）演示流道体型对空化影响。流道 1 体型为突缩渐扩，流道 2 体型为渐缩渐扩。由实验可见，阀门开关相同的条件下，流道 1 的空化比流道 2 严重，表明流道 1 的体型比流道 2 更易引发空化。

流道 3、4 分别设有矩形槽和下游具有斜坡的流线型槽。实验可见，在同等流量条件下，前者空化程度大于后者，表明下游具有一定斜度的流线型门槽能阻碍空化、空蚀形成。

（7）实验结束，打开气阀 a、b、c 以放空流道内积水。

学期结束时，须将水箱放空，并清洗水箱。

五、注意事项

（1）严格按照操作步骤进行实验。

（2）由于泵的供水压力较大，不允许在三个阀门全关或只有一个阀门全开而另两个阀门全关（或接近全关）情况下开启水泵，以防止水压过高，损坏流道。开启水泵前应先检查阀门开闭状况。

（3）气化杯中的温水不能用冷开水或蒸馏水等，只能用新鲜自来水，并在每次实验前更换新鲜水，以保证空化沸腾时的显示效果。

六、思考题

（1）试述实际工程中所产生的空化和空蚀现象。

（2）为什么在每次实验时空化杯中要注入新鲜自来水？用冷开水或蒸馏水能否观察到空化沸腾现象？为什么？

（3）在易空化部位采用人工掺气能降低空蚀危害，为什么？

第五节　水流流态演示实验

一、实验目的

（1）观察层流与紊流两种流态及其过渡状态时的流动现象。

（2）区分两种不同流态的特征及其产生的条件。

二、实验原理

液体在运动时，存在着两种不同的流动状态。当雷诺数较小时，黏滞力占主导地位，各流层的液体质点有条不紊地运动，互不混杂，这种形态的流动叫作层流；当雷诺数较大时，惯性力占主导地位，各流层或各微小流束上的液体质点形成涡体，并脱离原流层，互相混掺，这种型态的流动称为紊流。

三、实验设备

实验设备如图 1－10 和图 1－11 所示。

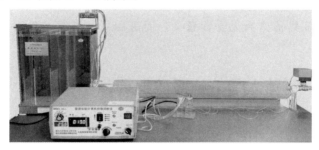

图 1－10　水流流态演示实验设备

图 1－11　水流流态演示计算机控制巡检仪控制面板

四、实验步骤及演示内容

（1）接通电源，将巡检仪切换开关旋到"手动控制"档，打开水泵开关。待上水箱溢流稳定后，将温度传感器探头置于上水箱水中。

（2）将"波段开关"旋至"初始化"档，巡检仪将自动开始设备初始化流程：阀调节、排气、复位以及初始化结束。整套流程约耗时 100s。

（3）将"波段开关"旋至"调零"档，阀门将自动关闭。待阀门全关后，检查巡检仪显示值是否为 0，若不为 0，旋动调零旋钮将其调零。调零后将波段开关旋至"雷诺数"档。

（4）将"温度拟合旋钮"旋至当前所显示温度值。

（5）调节电磁阀开度至大流量后，长按"颜色水开"按钮约 5s，重复两次，直至颜色水连续，颜色水管内无气泡。

（6）调节"流量调节"按钮，直至阀全开。可见颜色水在管中消色。此时，管中水流状态即为紊流。

（7）调节"流量调节"按钮，逐渐关闭阀。当流量减小到一定程度时，可见管中颜色水从消色状态转变为波形线状。此时，管中水流即为过渡状态。

（8）继续关闭阀，可见管中颜色水转变成一条直线，不与周围水流混杂。注意观察下临界雷诺数数值。此时，管中水流即为层流。

（9）调节"流量调节"按钮，将阀开度从小到大调节，管中水流流态从层流转变为紊流。注意观察上临界雷诺数数值。

（10）重复步骤（6）～（9），观察上临界雷诺数和下临界雷诺数的变化。

（11）将切换开关旋到"计算机控制手动延时关机"档，系统将自动完成排水和关机流程。此流程中，切勿切断电源。

五、思考题

（1）水流流态与哪些因素有关？

（2）为何认为上临界雷诺数无实际意义，而采用夏霖杰雷诺数作为层流与紊流的判别准则？

第六节　虹吸管原理演示实验

一、实验目的

利用自循环虹吸原理实验设备演示虹吸管工作原理，加深对总水头线、测压管水头线和真空度沿程变化规律的认识。

二、实验原理

恒定总流的能量方程为

$$z_1 + \frac{p_1}{\gamma} + \frac{\alpha_1 v_1^2}{2g} = z_2 + \frac{p_2}{\gamma} + \frac{\alpha_2 v_2^2}{2g} + h_{w1-2} \tag{1-3}$$

由式（1-3）可知，水流在运动过程中其位能、压能、动能之间可相互转化，这种转化必须满足能量守恒定律。通过虹吸管中的水流运动，可以观察到各种能量之间的相互转换。由于离心惯性力的作用，急变流过水断面上不同的点的动水压强不符合静水压强分布，即测压管水头不相等，由其测压管水头差可以测出通过管道的流量，这就是弯管流量计的工作原理。

三、实验设备

如图 1-12 和图 1-13 所示的自循环虹吸原理实验设备中，水流自低位水箱由水泵驱动后流至高位水箱，虹吸管的进出水口分别淹没在高低位水箱的水体中。虹吸管在过流前因充满空气，需先排气。本装置对虹吸管的排气是由水泵完成的。虹吸管上的抽气孔与水泵吸水管上的抽气嘴连通，虹吸管中的气体在水泵的抽吸作用下经吸水管自动排除。虹吸管中一旦水流连续，在高、低位水箱水位差作用下，虹吸管启动，形成过流。

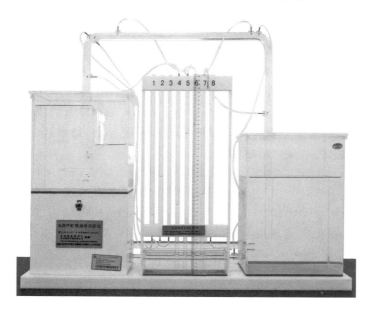

图 1-12　自循环虹吸原理实验设备

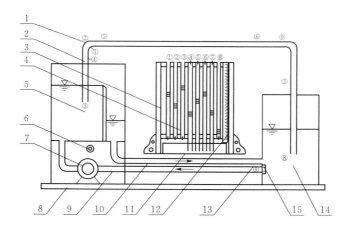

图 1-13　自循环虹吸原理实验设备结构简图

1—测点；2—虹吸管；3—测压计；4—测压管；5—高位水箱；6—调速器；7—水泵；

8—底座；9—吸水管；10—溢水管；11—测压计水箱；12—滑尺；

13—抽气嘴；14—低位水箱；15—流量调节阀

四、实验步骤及演示内容

（1）接通电源，启动水泵，调大流量，虹吸管中的气体会自动被抽除。若排气不畅，开关水泵几次即可排净。

（2）用吸气球在测压管管口处，用挤压法或抽吸法排除测压点①、②、③、⑧与测压管的连通管中的气体。

（3）通过观测测压计3上各支测压管水位，可以知道测压管沿程变化、真空度沿程变化和各种能量相互转化的情况。

（4）演示弯管流量计工作原理。在弯头处，水流由于内外侧离心力不同引起压强差，根据压强差与流量的函数关系可测得流量。实验时测得弯管断面上内外侧测压管水头差 Δh 值，由率定过的 $Q - \Delta h$ 曲线，可查得流量。

（5）演示虹吸阀工作原理。虹吸阀由虹吸管、真空破坏阀和抽气真空泵三部分组成。本实验分别以虹吸管2、虹吸管上的孔⑨和抽气装置来模拟。虹吸阀门直接利用虹吸管的原理工作，当虹吸管中气体被抽除后，虹吸管流启动，表示虹吸阀全开；当虹吸管上的孔⑨打开（拔掉软塑管）时，虹吸管真空被破坏，瞬间充气而断流，表示虹吸阀全关。

（6）实验完毕，关闭水泵，切断电源。

五、注意事项

（1）当发生排气不畅时，注意排查连接测压点与测压管的连通性。

（2）一定要将测压点①、②、③、⑧与测压管的连通管中的气体排净。

（3）学期结束时，将水箱放空，并清洗水箱。学期开始时，在水箱中灌注适量的去离子水。

六、思考题

（1）理论上虹吸管的最大真空度为多少？实际上虹吸管的最大安装高程不得超过多少？为什么？

（2）虹吸管工作原理是否违背了能量守恒原理？为什么？

第七节　水击现象综合演示实验

一、实验目的

观察水击的发生与水击波的传播现象，水击扬水、调压筒消减水击等现象；观测水击压强的大小，分析水击扬水的原理；了解消除水击危害的工作原理和基本方法，加强对水击现象的感性认识。

二、实验原理

众所周知，有压管道中流量突然改变时，管道中将产生水击波向上下游传播。在管道中设置调压筒可以消减水击压强。另外，所产生的水击压强可以用来扬水。利用水击波的上述特性，观察和了解水击现象的产生过程、传播过程和水击波的扬水特性。

三、实验设备

本实验设备由恒压水箱、供水管、调压筒、水击室、压力室、气压表、扬水机出水管、水击发生阀、水泵、可控硅无级调速器及集水箱等组成，如图1-14和图1-15所示。

四、实验步骤与演示内容

（1）接通电源，启动水泵。

（2）待水箱1溢流后，打开调压筒截止阀3进行排气。

（3）演示水击的产生和传播。排气后，全关调压筒截止阀3和扬水机截止阀6，触发（向下压）水击发生阀9，阀9就会自动地上下往复运动，时开时闭而产生水击。

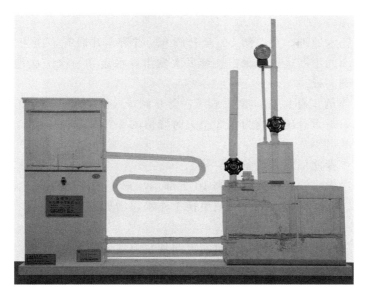

图 1-14　水击现象综合演示实验设备

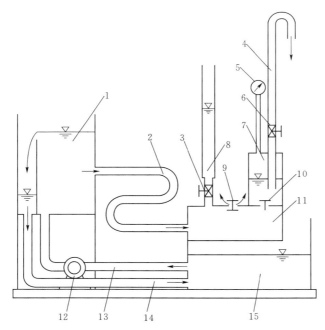

图 1-15　水击现象综合演示实验设备结构简图

1—恒压水箱；2—供水管；3—调压筒截止阀；4—水击扬水机出水管；5—气压表；
6—扬水机截止阀；7—压力室；8—调压筒；9—水击发生阀；10—逆止阀；
11—水击室；12—水泵；13—水泵吸水管；14—回水管；15—集水箱

（4）演示水击压强的定量观测。测压系统由逆止阀 10、压力室 7 和气压表 5 组成。最大水击压强在阀 3、阀 6 全关情况下测量。水击传播多次后，压力室内的压力随着水量的增加而不断增大，直至与最大水击压强相等时，逆止阀 10 才不再打开，水流也不再注入压力室 7。这时，从连接到压力空腔的气压表 5 读出压力室 7 中的压强。此压强即为阀 9 关闭时

17

产生的最大水击压强。

（5）演示水击扬水原理。全关阀 3、全开阀 6。当阀 6 开启时，压力室的水经出水管 4 流向高处。由于阀 9 的不断运作，水击连续多次发生，水流亦一次一次地不断注入压力室，源源不断地被提升到高处。

（6）演示调压筒的工作原理。全关阀 6、全开阀 3。触发阀 9，阀 9 的启闭频率加快，气压表 5 读数降低，最大升压值约为阀 3 全关时峰值的 1/3 左右。

五、注意事项

（1）要按规定步骤使用实验设备。

（2）一定要排净供水管、压力室和阀 10 下部调压筒中的滞留空气，否则，可能使水击压强达不到额定值。此时应重新运作，或更换工作水，增加集水箱水量。

六、思考题

（1）扬水机的工作原理是否违背能量守恒原理？为什么？

（2）调压井的作用是什么？试述减小和消除水击压强的措施。

第八节　强迫涡和自由涡演示实验

一、实验目的

（1）观测强迫涡水面型态，并与理论自由水面型态对比。

（2）观测自由涡水面型态，并观测自由涡内自由水面型态对比。

二、实验原理

强迫涡内所有质点具有相同的角速度。给定角速度为 ω 的强迫涡，自由表面的水面曲线计算公式为

$$z = \frac{\omega^2 r^2}{2g} + z_0 \tag{1-4}$$

式中　z_0——强迫涡中心最低点高度；

　　　r——自由表面上一点距强迫涡中心距离；

　　　g——重力加速度。

当水从容器底部圆孔自由流出时会形成自由涡。自由涡内各点速度可表示为

$$v = \frac{k}{r} \tag{1-5}$$

式中　k——自由涡强度。

将式（1-5）代入伯努利方程，并引入自由涡自由表面边界条件，可得自由涡水面曲线计算公式为

$$z = C - \frac{k^2}{2gr^2} \tag{1-6}$$

式中　C——积分常数。

三、实验设备

本实验设备如图 1-16 所示。在演示强迫涡时，将可拆卸的转轴和叶片安装在底部中心圆孔上；在演示自由涡时，将转轴和叶片拆除，水从底部圆孔流出。

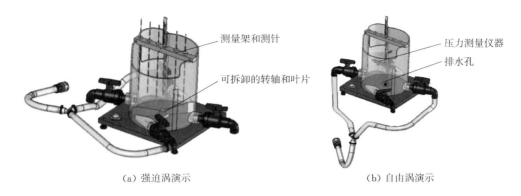

(a) 强迫涡演示   (b) 自由涡演示

图 1-16 强迫涡和自由涡演示实验设备

四、实验步骤与演示内容

（1）关闭筒壁两侧的排水阀，将演示设备的进口管道与供水系统连接。

（2）强迫涡演示。按照图 1-16（a）将 Y 形管道与圆筒 9mm 进水阀连接，关闭 12mm 进水阀。将转轴和叶片安装在排水孔上。打开 9mm 进水阀，圆筒内水充满溢流后开始演示。叶片转速通过每分钟叶片旋转速度来推算。调整每根测针的高度，直到所有测针刚刚与漩涡表面接触。读取每根测针的读数，得到强迫涡内自由水面型态分布。调整进水阀开度，重复演示过程。

（3）自由涡演示。按照图 1-16（b）将 Y 形管道与圆筒 12mm 进水阀连接，关闭 9mm 进水阀。将转轴和叶片拆卸后，将圆孔安装在排水孔上。打开 12mm 进水阀，调节开度，保证水位不超过溢流水位。通过压力测量仪器获取自由水面型态分布。调整进水阀开度，重复演示过程。

（4）关闭进水阀，打开排水孔，将筒内水排空。

五、注意事项

（1）要按规定步骤使用实验设备。

（2）自由涡演示时如无法得到稳定自由涡型态，水位可适当增大至呈现溢流状态。

六、思考题

（1）强迫涡水面型态理论值与演示值之间存在差异，为什么？

（2）自由涡理论中流速分布规律假定是否合理？为什么？

第九节 明渠恒定流水面线变化演示实验

一、实验目的

（1）熟悉明渠恒定渐变流 12 条水面曲线的变化规律。

（2）掌握明渠中典型建筑物上下游的水流衔接形式。

（3）掌握不同底坡渠道上水面曲线衔接形式。

二、实验原理

1. 水面曲线的类型与规律

棱柱形小底坡渠道基本微分方程为

$$\left.\begin{array}{l} \dfrac{\mathrm{d}h}{\mathrm{d}s}=\dfrac{i-J}{1-F^2r} \\[2mm] Fr=\dfrac{v}{\sqrt{gh}} \\[2mm] J=\dfrac{v^2}{C^2R} \\[2mm] C=\dfrac{R^{\frac{1}{6}}}{n} \end{array}\right\} \qquad (1-7)$$

式中　J——水力坡度；

　　　h——过水断面水深；

　　　s——流动方向坐标；

　　　i——渠道底坡；

　　　v——过水断面平均流速；

　　　C——谢才系数；

　　　R——过水断面水力半径。

将棱柱形明渠的底坡分为缓坡、陡坡、临界坡、平坡和逆坡五种情况，每种底坡依水深范围分为2~3个区，每区有唯一的一种水面曲线类型。缓坡、陡坡渠道各有三个区，而临界坡没有2区，平坡和逆坡没有1区，各只有两种水面曲线，因此总共有12种类型的水面曲线。

2. 控制断面与控制水深的选取

控制断面是渠道中位置、水深可以确定的断面，同时又是分析、绘制水面曲线时的起点。控制断面的水深称为控制水深，控制水深位于哪一区，水面曲线就位于哪一区，由此可以确定水面曲线的类型。控制水深小于临界水深时，控制断面是下游水面曲线的起点；控制水深大于临界水深时，控制断面应为上游水面曲线的起点。

三、实验设备

本实验设备由蓄水箱、进水管、水泵、水槽、支架、前段水槽升降设备和后段水槽升降设备组成，另配有溢流坝和闸门等配件，其结构简图如图1-17所示。

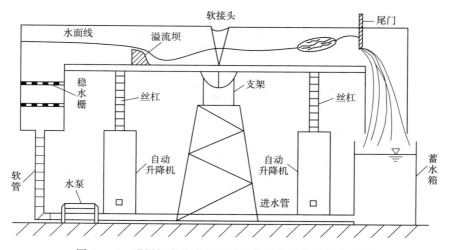

图1-17　明渠恒定流水面线变化演示实验设备结构简图

四、实验步骤与演示内容

（1）打开水泵电机开关，由水槽首部充水。

（2）利用自动升降设备及角度指示标尺将水槽调至 $i_1=i_2=0$。

（3）在前段水槽中部插入一闸门，闸门后水面形成 H_3 水面曲线，在后段水槽呈现 H_2 水面曲线。

（4）分别降低前段水槽首部和后段水槽尾部，使前段水槽底坡调至 $i_1<0$，后段水槽底坡调至 $i_2<i_c$，前段水槽闸门后形成 A_3 水面曲线，后段水槽内呈现 M_2 水面曲线。

（5）降低后段水槽尾部，使其底坡调至 $i_2>i_c$，然后取走闸门，前段水槽内呈现 A_2 水面曲线，后段水槽内呈现 S_2 水面曲线。

（6）升高前段水槽首部，将前段水槽底坡调至 $i_1=i_2>i_c$，在前段水槽中部安装模型堰，堰前形成 S_1 水面曲线，堰后形成 S_3 水面曲线。

（7）同时升高前段水槽首部和后段水槽尾部，将两端水槽底坡调至 $i_1=i_2<i_c$，堰位置保持不变，堰前形成 M_1 水面曲线，堰后形成 M_3 水面曲线。

五、注意事项

（1）要按规定步骤使用实验设备。

（2）在实验过程中禁止出现两端水槽底坡相差过大情况，以免两段水槽连接处张力过大。

六、思考题

（1）两段水槽之间采用硅胶连接形式是否会对水面曲线产生影响？如有，试分析将产生怎样的影响。

（2）试分析不同水面曲线形式下，提高或降低后段水槽水深将对前段水槽的水深产生何种影响？

第十节　现代流速量测技术演示实验

一、实验目的

（1）了解 ADV、PIV 等现代流速测量技术的原理、性能和使用方法。

（2）了解 ADV、PIV 测量数据的处理方法。

二、实验设备

ADV 和 PIV 设备详见附录 A 和附录 B。流速测量所用水槽与第三章第一节糙率实验所用水槽相同，如图 1-18 所示。

三、实验步骤与演示内容

（1）打开水槽的进水阀门，调节尾门，将水深控制在 20cm 左右。用测针测得水深。

（2）ADV 测量技术演示内容。在断面上布置 5 条垂线，每条垂线布置 5 个测点。按照 ADV 探头测量性能，合理布置测点最高点和最低点，其余各点均布其中。

设定测点后，按照 ADV 操作规程利用计算机软件控制 ADV 测量，并进行数据处理。

（3）PIV 测量技术演示内容。选定测量平面，按照 PIV 操作规程对相机和激光平面位置进行校准。按照 PIV 操作规程进行图像捕捉、处理，生成速度矢量图形，并导出为速度数据文件。

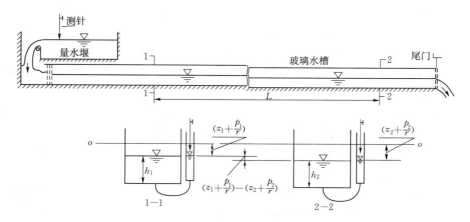

图 1-18 现代流速量测技术演示实验所用水槽示意图

四、注意事项

(1) 严格按照 ADV、PIV 操作规程使用实验设备。

(2) 必须按规定佩戴激光防护镜。

(3) 必须保证整套试验系统电源地线可靠接地。

五、思考题

(1) 影响 ADV 流速测量的因素有哪些？如何降低这些因素的影响？

(2) PIV 测量技术相对 ADV 测量有哪些优缺点？

第二章 操 作 类 实 验

第一节 静 水 压 强 量 测 实 验

一、目的要求

（1）量测静水中任一点的压强。

（2）测定另一种液体的重率。

（3）掌握 U 形管和连通管的测压原理以及运用等压面概念分析问题的能力。

二、实验设备

实验设备如图 2-1 和图 2-2 所示。

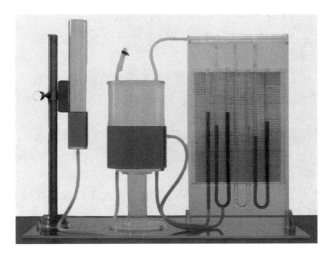

图 2-1 静水压强量测实验设备

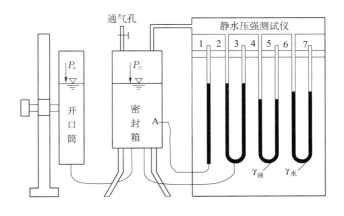

图 2-2 静水压强量测实验设备结构简图

23

三、实验步骤及原理

（1）打开通气孔，使密封水箱与大气相通，则密封箱中表面压强 p_0 等于大气压强 p_a。那么开口筒水面、密封箱水面及连通管水面均应齐平。

（2）关闭通气孔，将开口筒向上提升到一定高度。水由开口筒流向密封箱，并影响其他测压管。密封箱中空气的体积减小而压强增大。待稳定后，开口筒与密封箱两液面的高差即为压强差 $p_0 - p_a = \gamma h$，这个水柱高度 h 也等于 $\nabla_1 - \nabla_2$ 及 $\nabla_3 - \nabla_2$，而 U 形管两液面的压差也应等于 γh。

（3）如果将开口筒向下降到一定高度，使其水面低于密封箱中的水面，则密封箱中的水流向开口筒。因此，密封箱中的空气的体积增大而压强减小，此时 $p_0 < p_a$，待稳定后，其压强差称为真空，以水柱高度表示即为真空度：

$$\frac{p_a - p_0}{\gamma} = \nabla_2 - \nabla_1 = \nabla_2 - \nabla_3 \tag{2-1}$$

（4）按照以上原理，可以求得密封箱液体中任一点 A 的绝对压强 p'_A。设 A 点在密封箱水面以下的深度为 h_{0A}，在 1 号管和 3 号管水面以下的深度为 h_{1A} 和 h_{3A}，则

$$p'_A = p_0 + \gamma h_{0A} = p_a + \gamma(\nabla_1 - \nabla_2) + \gamma h_{0A} = p_a + \gamma h_{1A} = p_a + \gamma h_{2A} \tag{2-2}$$

（5）由于连通管和 U 形管反映着同一的压差，故有

$$p_0 - p_a = \gamma(\nabla_3 - \nabla_2) + \gamma'(\nabla_5 - \nabla_4) = \gamma(\nabla_7 - \nabla_6) \tag{2-3}$$

由此可以求得另一种液体的容重 γ'：

$$\gamma' = \gamma \frac{\nabla_3 - \nabla_2}{\nabla_5 - \nabla_4} = \gamma \frac{\nabla_7 - \nabla_6}{\nabla_5 - \nabla_4} \tag{2-4}$$

四、注意事项

（1）首先检查密封箱是否漏气（检查方法自己思考）。

（2）开口筒向上提升时不宜过高，在升降开口筒后，一定要用手拧紧左边的固定螺丝，以免开口筒向下滑动。

（3）A 点是闭口箱水面下任意一点，其深度不能大于水深，取值一般为小于 10cm 的整数值。

五、实验成果及要求

静水压强仪编号为_____；实测数据与计算结果见表 2-1 和表 2-2。

表 2-1　　　　　　　　　　　　　　实 测 数 据 表

测　　次		测压管液面高程读数						
		∇_1 /cm	∇_2 /cm	∇_3 /cm	∇_4 /cm	∇_5 /cm	∇_6 /cm	∇_7 /cm
$p_0 > p_a$	1							
	2							
$p_0 < p_a$	1							
	2							

表 2-2　　　　　　　　　　　　　　计 算 结 果 表

算序	项　　目	单位	$p_0 > p_a$		$p_0 < p_a$	
			1	2	1	2
1	$\nabla_1 - \nabla_2 = \nabla_3 - \nabla_2 = \nabla_7 - \nabla_6$	cm				
2	$p_0 = p_a + \gamma(\nabla_7 - \nabla_6)$	Pa				

算序	项　　目	单位	$p_0 > p_a$		$p_0 < p_a$	
			1	2	1	2
3	$p_A = \gamma\left[(\nabla_1 - \nabla_2) + h_{0A}\right]$	Pa				
4	$p'_A = p_a + p_A$	Pa				
5	$p_0 - p_a = \gamma(\nabla_7 - \nabla_6) = \gamma'(\nabla_5 - \nabla_4)$	Pa				
6	γ'	N/m³				

注　设 A 点在水箱水面下的深度 $h_{0A} = $ _____ cm。

六、思考题

（1）第 1、2、3 号管和 4、6 号管，可否取等压面？为什么？

（2）第 1、4、6 号管和 1、3 号管中的液面是不是等压面？为什么？

第二节　流速量测（毕托管）实验

一、目的要求

（1）通过本次实验，掌握基本的测速工具（毕托管）的性能和使用方法。

（2）绘制各垂线上的流速分布图，点绘断面上的等流速分布曲线，以加深对明槽水流流速分布的认识。

（3）根据实测的流速分布图，计算断面上的平均流速 v 和实测流量 $Q_{测}$，并与实验流量 $Q_{实}$ 相比较。

二、实验原理

毕托管是由两根同心圆的小管所组成。A 管通头部顶端小孔，B 管与离头部顶端为 $3d$ 的断面上的环形孔相通。环形孔与毕托管的圆柱表面垂直，因此它所测得的是水流的势能 $z + \dfrac{p}{\gamma}$。而 A 管却正对流向，它所测得的是包括水流动能在内的全部机械能 $z + \dfrac{p}{\gamma} + \dfrac{u^2}{2g}$，在测压排上所反映的水面差 $\Delta h = \left(z + \dfrac{p}{\gamma} + \dfrac{u^2}{2g}\right) - \left(z + \dfrac{p}{\gamma}\right) = \dfrac{u^2}{2g}$，即为测点的流速水头。

为了提高量测的精度，将比压计斜放成 α 角。若两测压管水面之间的读数差为 ΔL，则有 $\Delta h = \Delta L \sin\alpha$，从而可以求得测点的流速表达式：

$$u = C\sqrt{2g\Delta h} = C\sqrt{2g\Delta L \sin\alpha} \qquad (2-5)$$

式中　C——流速修正系数，对不同结构的毕托管，其值由率
　　　　定得之。本实验使用的毕托管，经率定 $C \approx 1$。

1. 垂线流速分布图的画法，垂线平均流速的计算

将所测得的同一垂线各点流速，按选定的比例尺画在坐标纸上。槽底的流速为 0，水面的流速矢端为水面以下各点流速矢端向上顺延与水面相交的那一点。由水深线及各点流速矢端所围成的矢量图，即为垂线流速分布图（图 2-3）。显然，垂线流速分布图的面积除以水深 h，就是垂线的平均

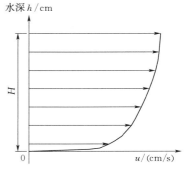

图 2-3　垂线流速分布图

流速 $\bar{u}$。

$$\bar{u}=\frac{\omega}{h} \qquad (2-6)$$

式中　$\bar{u}$——垂线平均流速，cm/s；

　　　ω——垂线流速分布图的面积，cm^2；

　　　h——水深，cm。

2. 断面平均流速的计算

断面平均流速为

$$v = \frac{1}{n}\sum_{i=1}^{n}\bar{u}_i \qquad (2-7)$$

式中　v——断面平均流速，cm/s；

　　　$\bar{u}_i$——第 i 根垂线上的平均流速，cm/s；

　　　n——垂线个数。

3. 流量的计算

实测的流量为

$$Q_{测}=vA \qquad (2-8)$$

式中　$Q_{测}$——实测流量，cm^3/s；

　　　v——断面平均流速，cm/s；

　　　A——过水断面面积，cm。

三、实验设备

实验设备见图 2-4。

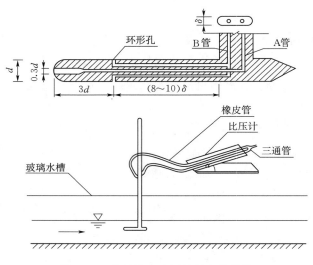

图 2-4　毕托管、比压计及水槽简图

四、实验步骤

（1）打开水槽的进水阀门，调节尾门，将水深控制在 20cm 左右。

（2）用测针测得水深 h。如图 2-5 所示，在断面上布置 5 条垂线，每条垂线布置 6 个测点。毕托管最高点宜在水面以下 2cm，最低点为毕托管的半径（0.4cm），其余各点均布其中。

（3）按所布置的垂线及测点位置逐步进行测量。例如：把毕托管首先放在第一条垂线上，即毕托管中心到槽边壁的距离为 $B/10$ cm。接着把毕托管放到槽底，同时测读固定毕托管测杆标尺上的读数，稍待稳定后，再测读比压计上的读数 ∇_A、∇_B，这就完成了第 1 个测点的工作。然后将毕托管依次提升，直至水面下 2cm 那一点为止。其他各条垂线的测量方法同上述步骤，并把各条垂线各测点相应的距离和高度记录在垂线流速分布测定表中。

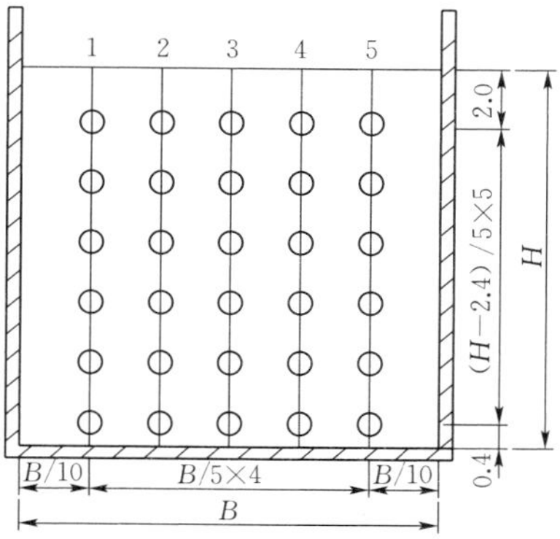

（4）将测得的数据进行整理、分析，并采用坐标纸按一定的比例绘制下图：

1）点绘各垂线上的流速分布图。

2）点绘断面上各等流速点的分布曲线。

（5）分析比较实测流量与实验流量有何差别。

图 2-5　量测断面垂线及测点
布置图（单位：cm）

五、注意事项

（1）测速之前，首先要对毕托管、比压计进行排气。排气方法如下：从比压计三通管注入有一定压力的水流，使水和空气由毕托管喷出，冲水约 3min 将毕托管浸入防气盒静水中。然后打开三通管，在大气压强作用下比压计测管中的水面下降，待降到便于测读的位置时，用止水夹夹紧三通管。此时比压计两测管中的水面应该齐平，否则要重新冲水排气，直至两管水面齐平后方能进行测速工作。

（2）实验过程中，为防止进气，毕托管不得露出水面。实验结束后，将毕托管放入防气盒静水中，检查是否进气。若比压计两管水面不平，说明所测数据有误差，应重新冲水排气，重新施测。

（3）毕托管嘴必须正对流向。

（4）测读时，视线应垂直于比压计的倾斜面，读取弯液面的最低点读数，当测管中的水面上下脉动时，读取平均值。

六、实验成果及要求

1. 已知数据

电磁流量计显示流量 $Q=$ _____ L/s。

水槽宽度 $B=60$ cm，毕托管直径 $d=0.8$ cm。

比压计倾斜角 $\alpha=30°$，重力加速度 $g=980$ cm/s²。

2. 实测数据与计算

槽底测针读数为 _____ cm；测针尖接触水面时的读数为 _____ cm。

测针量得水深 $h=$ _____ cm。

数据记录及成果计算见表 2-3。

七、思考题

（1）毕托管、比压计排气不净，为什么会影响量测精度？

（2）为什么必须将毕托管正对来流方向？如何判断毕托管是否正对了流向？

（3）比压计安放位置的高低是否影响量测数据？为什么？

表 2-3
垂线流速分布测定表

| 垂线编号 | 测点编号 | 毕托管测杆读数 /cm | 测点到槽底高度 /cm | 斜比压计读数 | | $\Delta L=\nabla_A-\nabla_B$ /cm | $\Delta h=\Delta L\sin\alpha$ /cm | 测点流速 u /(cm/s) | 垂线平均流速 $\bar{u}$ /(cm/s) |
				∇_A /cm	∇_B /cm				
中垂线 $L=\dfrac{B}{2}$	1								
	2								
	3								
	4								
	5								
	6								
	水面								

注 L 为垂线到槽边壁的距离。若要测多条垂线，请再续表。

第三节 沿程水头损失实验

一、目的要求

（1）学会测定管道沿程水头损失系数 λ 和管壁粗糙度 Δ 的方法。

（2）分析圆管恒定流动的水头损失规律、λ 随雷诺数 Re 变化的规律。

（3）验证沿程水头损失 h_f 与断面平均流速 v 的关系。

二、实验原理

对一等直径管道中的恒定水流应用能量方程，可得

$$h_f=\left(z_1+\frac{p_1}{\gamma}\right)-\left(z_2+\frac{p_2}{\gamma}\right) \tag{2-9}$$

式中　h_f——两过水断面之间的沿程水头损失；

$z+\dfrac{p}{\gamma}$——过水断面上的测压管水头。

沿程水头损失计算公式为

$$h_f=\lambda\frac{l}{d}\frac{v^2}{2g} \tag{2-10}$$

式中　l——两过水断面之间的距离；

d——管道直径；

v——过水断面平均流速；

λ——沿程水头损失系数。

则沿程水头损失系数 λ 为

$$\lambda=\frac{h_f}{\dfrac{l}{d}\dfrac{v^2}{2g}} \tag{2-11}$$

一般认为 λ 与相对粗糙度 Δ/d 及雷诺数 Re 有关，即 $\lambda=f(\Delta/d，Re)$。

三、实验设备

实验设备及其各部分名称如图 2-6 所示。

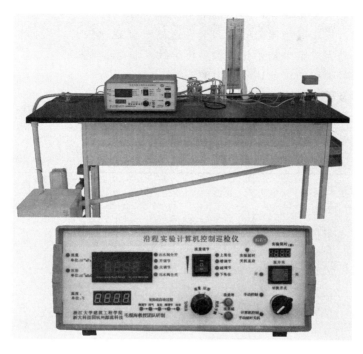

图 2-6 沿程水头损失实验装置

四、实验步骤

（1）将巡检仪切换开关转到"手动控制"档，开启泵开关，并将温度传感器探头浸入水箱水中，确定关闭层流实验的测压计连通管道。

（2）将波段开关旋至"初始化"档，设备将在 2min 内自动完成自动化过程。当初始化结束灯亮后，可进行实验测量。

（3）调节流量调节按钮，增大流量，直至达到最大流量，此时流量上限位指示灯亮。

（4）旋转波段开关至"流量"档，待巡检仪读数稳定后，记录流量值，然后将波段开关切换至"压差"档，记录压差值，并记录温度值。

（5）调节流量调节按钮，减小流量。等待 3～5min 后，重复步骤（4）。重复测记 8～10 组，直至流量减小到紊流最小流量，此时流量下限位指示灯亮。

（6）将波段开关旋至"层流手测"档。

（7）闪按红色"流量减"按钮，减小流量。等待 3～5min 后，用体积法测量流量，压差由测压管式压差计测量。

（8）重复步骤（7），重复测记 5 次。

（9）实验结束后，将切换开关旋至"计算机控制手动延时关机"档，将温度传感器的探头取出。巡检仪延时排气约 1min 后自动关机。

五、注意事项

（1）和巡检仪连通的软管是通气管，不允许有水进入。若有水进入，应终止实验，并请实验指导老师处理。

（2）巡检仪具备延时关机功能，单次试验不得超过 1h，超时将自动关闭水泵及控制电源，若需继续实验，应按步骤（1）重启。

（3）实验时间过长，或稳压筒的液面上升过高（接近通气管口），则需要将波段开关旋至初始化档，待自动完成整个初始化过程后再继续实验。

（4）禁止在延时关机结束前切断外电源。

六、实验成果及要求

实测数据记录和沿程水头损失系数的计算见表 2－4。

表 2－4 沿程水头损失实验记录计算表

实验台号：_____；圆管直径 $d=$ _____ $\times 10^{-2}$ m；测量段长度 $l=$ _____ $\times 10^{-2}$ m。

测次	体积 W /10^{-6} m^3	时间 t /s	流量 Q /(10^{-6} m^3/s)	水温 T /℃	黏度 v /(10^{-4} m^3/s)	雷诺数 Re	压差计、电测仪读数 /10^{-2} m		沿程水头损失 h_f /10^{-2} m	沿程水头损失系数 λ	$\lambda=\dfrac{64}{Re}$
							h_1	h_2			
1											
2											
3											
4											
5											
6											
7											
8											
9											
10											
11											
12											
13											
14											

七、思考题

（1）为什么压差计的水柱差就是沿程水头损失？实验管道倾斜安装是否影响实验成果？

（2）为什么管壁平均当量粗糙度 Δ 不能在流动处于光滑区时测量？

第四节 管道局部水头损失实验

一、目的要求

（1）本实验中通过实测管道突然扩大、突然收缩、90°弯管、180°弯管和 90°折管的局部水头损失，掌握测定管道局部水头损失系数 ζ 的方法。

（2）将其中管道突然扩大的局部水头损失系数的实测值与理论值进行比较。

（3）观察管径突然扩大时旋涡区测压管水头线的变化情况和水流情况，以及其他各种边界突变情况下的测压管水头线的变化情况。

二、实验原理

在管道流动中的急变流区域所发生的水头损失称为局部水头损失。急变流段中由于边界形状的急剧改变，流动常与边界分离形成旋涡，同时还伴随有流速分布的变化，因而在局部形成较为集中的机械能损失。

局部水头损失 h_j 常用的计算公式为

$$h_j = \zeta \frac{v^2}{2g} \qquad (2-12)$$

式中　ζ——局部水头损失系数，与边界形状和流动雷诺数 Re 有关，即 $\zeta = f(Re$，边界形状)，当 Re 数足够大时，可认为 ζ 不再随 Re 的改变而变化，可看作常数。

在本实验中，要求实测局部水头损失，由式（2-12）反求 ζ 值。实测发生局部水头损失的急变流段的上游断面 1—1 和下游断面 2—2 的测压管水头，同时测量管流的流量，并计算出两断面的流速 v_1 和 v_2，忽略沿程水头损失，由能量方程可计算出局部水头损失：

$$h_j = \left(z_1 + \frac{p_1}{\gamma} \right) - \left(z_2 + \frac{p_2}{\gamma} \right) + \frac{v_1^2 - v_2^2}{2g} \qquad (2-13)$$

本实验中 90°弯管、180°弯管和 90°折管的情况，管径和流速水头不变，有

$$h_j = \left(z_1 + \frac{p_1}{\gamma} \right) - \left(z_2 + \frac{p_2}{\gamma} \right) \qquad (2-14)$$

用式（2-12）即可求出相应的局部水头损失系数：

$$\zeta = \frac{h_j}{\dfrac{v^2}{2g}} \qquad (2-15)$$

而在管道突然扩大和突然收缩的情况下，断面积 A_1、A_2 不同，流速 v_1、v_2 也不同，取不同断面的流速，由式（2-16）可计算出不同的局部水头损失系数：

$$\zeta_1 = \frac{h_j}{\dfrac{v_1^2}{2g}}$$
$$\zeta_2 = \frac{h_j}{\dfrac{v_2^2}{2g}} \qquad (2-16)$$

其中，管道突然扩大的情况（$A_1 < A_2$）下，由局部水头损失的理论分析结果：

$$h_{j突扩} = \frac{(v_1 - v_2)^2}{2g} \qquad (2-17)$$

得

$$\zeta_1 = \left(1 - \frac{A_1}{A_2} \right)^2$$
$$\zeta_2 = \left(\frac{A_2}{A_1} - 1 \right)^2 \qquad (2-18)$$

本次实验要求将实测结果的计算值与该理论值对比。

三、实验设备

实验设备及其结构简图如图 2-7 和图 2-8 所示。

实验设备的管道上一共接有 21 根测压管，在测压排上按从右向左的顺序对其编号，如

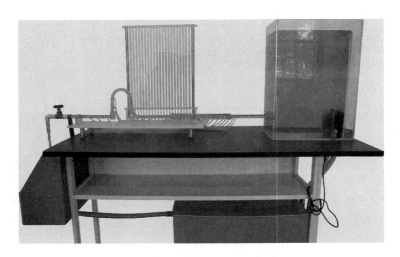

图 2-7 管道局部水头损失实验设备

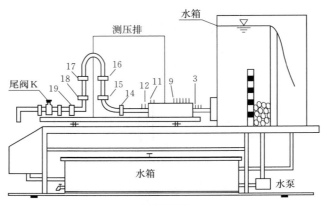

（a）整体结构

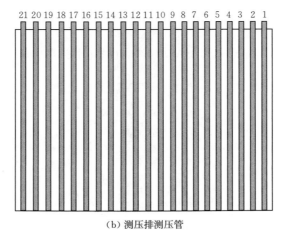

（b）测压排测压管

图 2-8 管道局部水头损失实验设备结构简图

图 2-8（b）所示。以 3 号测压管为例，其测压管水头读数∇₃以实验台台面为基准面，用钢尺测得。

图 2-8（a）中所标示的 10 个数字为 5 对测压管的编号，其测压管水头之差用于计算 5 种局部水头损失，从右向左分别为：突然扩大（3 号、9 号测管），突然收缩（11 号、12 号测管），90°弯管（14 号、15 号测管），180°弯管（16 号、17 号测管），以及 90°折管（18 号、19 号测管）。需要在实验中量测测压管水头读数等，并记录在表 2-5 中。

四、实验步骤

（1）熟悉仪器，记录大管直径 D 和小管直径 d。

（2）检查各测压管的橡皮管接头是否漏水。

（3）启动水泵，使水箱充水，并保持溢流，使水位恒定。

（4）检查尾阀 K 全关时测压管的液面是否齐平，若不平，则需排气调平。

（5）慢慢打开尾阀 K，调出在测压管量程范围内较大的流量，待流动稳定后，用体积法测量管道流量，并记录各测压管液面标高。

五、注意事项

（1）实验数据必须在水流稳定后方可进行记录。

（2）计算突然扩大局部水头损失系数时，应注意选择相应的流速水头；所选择的量测断面应选在渐变流段上，尤其下游断面应选在旋涡区的末端，即主流恢复并充满全管的断面上。

六、实验成果及要求

（1）实测数据记录和局部水头损失系数的计算见表 2-5。

表 2-5 　　　　　**管道局部水头损失实验数据记录及计算表**

实验台编号：_____。

细管直径 $d=$ _____ cm；粗管直径 $D=$ _____ cm。

细管断面积 $A_d=$ _____ cm²；粗管断面积 $A_D=$ _____ cm²。

名　　　称	单位	测　　次					
		1	2	3	4	5	6
体积 V	cm³						
时间 T	s						
流量 $Q=V/T$	cm³/s						
细管流速 $v_d=Q/A_d$	cm/s						
粗管流速 $v_D=Q/A_D$	cm/s						
细管流速水头 $H_{vd}=v_d^2/(2g)$	cm						
粗管流速水头 $H_{vD}=v_D^2/(2g)$	cm						

名　　称		单位	测　次					
			1	2	3	4	5	6
管道突然扩大	测压管水头 ∇_3	cm						
	测压管水头 ∇_9	cm						
	实测的局部水头损失 $h_{j扩}=(\nabla_3-\nabla_9)+(H_{vd}-H_{vD})$	cm						
	实测的局部水头损失系数 $\zeta_{测}=h_{j扩}/H_{vd}$							
	$\zeta_{测}$ 的平均值 $\bar\zeta_{测}$							
	理论值 $\zeta_{理}$							
管道突然收缩	测压管水头 ∇_{11}	cm						
	测压管水头 ∇_{12}	cm						
	实测的局部水头损失 $h_{j缩}=(\nabla_{11}-\nabla_{12})+(H_{vD}-H_{vd})$	cm						
	实测的局部水头损失系数 $\zeta_{缩}=h_{j缩}/H_{vd}$							
90°弯管	测压管水头 ∇_{14}	cm						
	测压管水头 ∇_{15}	cm						
	实测的局部水头损失 $h_{j弯90°}=\nabla_{14}-\nabla_{15}$	cm						
	实测的局部水头损失系数 $\zeta_{弯90°}=h_{j弯90°}/H_{vd}$							
180°弯管	测压管水头 ∇_{16}	cm						
	测压管水头 ∇_{17}	cm						
	实测的局部水头损失 $h_{j弯180°}=\nabla_{16}-\nabla_{17}$	cm						
	实测的局部水头损失系数 $\zeta_{弯180°}=h_{j弯180°}/H_{vd}$							
90°折管	测压管水头 ∇_{18}	cm						
	测压管水头 ∇_{19}	cm						
	实测的局部水头损失 $h_{j折90°}=\nabla_{18}-\nabla_{19}$	cm						
	实测的局部水头损失系数 $\zeta_{折90°}=h_{j折90°}/H_{vd}$							

注　1. 测压管水头的下标数字就是测压管的编号。

2. 计算 ζ 值时均用细管的流速水头 H_{vd}。

3. 重力加速度 $g=980\text{cm/s}^2$。

（2）成果分析：将突然扩大的局部水头损失系数的实测值与理论值进行比较，试分析产生误差的原因。

（3）分别比较 90°弯管、180°弯管和 90°折管情况下的局部水头损失系数。

七、思考题

（1）试分析管道突然扩大的实测 h_j 与理论计算 h_j 有什么不同？原因何在？

（2）在不忽略管段的沿程水头损失 h_f 的情况下，所测出的 $\zeta_{测}$ 值与实际的 ζ 值相比，$\zeta_{测}$ 是偏大还是偏小？在使用此值时是否可靠？

（3）当三段管道串联时，如图 2-8 所示，相应于同一流量情况下，其突然扩大的 ζ 值是否一定大于突然缩小的 ζ 值？

（4）不同的 Re 数时，局部水头损失系数 ζ 值是否相同？通常 ζ 值是否为常数？

（5）如果管路系统改成垂直安装，对各个局部水头损失系数值的大小是否有影响？为什么？

第五节　文丘里流量计及孔板流量计率定实验

一、目的要求

（1）了解文丘里流量计和孔板流量计的原理及其实验设备。

（2）绘出压差与流量的关系曲线，确定文丘里流量计和孔板流量计的流量系数 μ 值。

二、实验原理

文丘里流量计是在管道中常用的流量计，它包括收缩段、喉管、扩散段三部分。由于喉管过水断面的收缩，该断面水流动能加大，势能减小，造成收缩段前后断面压强不同而产生势能差。此势能差可由压差计测得。

孔板流量计的原理与文丘里流量计的相同，根据能量方程以及等压面原理可得出不计阻力作用时的文丘里流量计（孔板流量计）的流量计算公式：

$$Q_{理} = K\sqrt{\Delta h} \qquad (2-19)$$

其中：

$$K = \frac{\pi}{4}\frac{D^2 d^2}{\sqrt{D^4 - d^4}}\sqrt{2g} \qquad (2-20)$$

$$\Delta h = \left(z_1 + \frac{p_1}{\gamma}\right) - \left(z_2 + \frac{p_2}{\gamma}\right) \qquad (2-21)$$

式中　D——待测管道直径；

　　　d——文丘里流量计喉管段直径或孔板流量计孔口直径。

对于文丘里流量计：

$$\Delta h = h_1 - h_2 \qquad (2-22)$$

对于孔板流量计：

$$\Delta h = h_3 - h_4 + h_5 - h_6 \qquad (2-23)$$

管道的实测流量 $Q_{实}$ 由体积法测出。

在实际液体中，由于阻力的存在，水流通过文丘里流量计（或孔板流量计）时有能量损失，故实际通过的流量 $Q_{实}$ 一般比 $Q_{理}$ 稍小。因此在实际应用时，对式（2-19）应予以修正，实测流量与理想液体情况下的流量之比称为流量系数，即

$$\mu = \frac{Q_{实}}{Q_{理}}$$ 　　　　　　　　　　(2-24)

三、实验设备

实验设备与其结构简图如图 2-9 和图 2-10 所示。

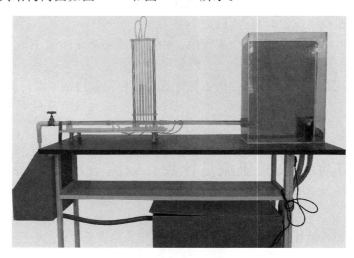

图 2-9　文丘里流量计及孔板流量计率定实验设备

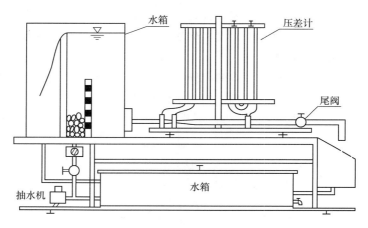

图 2-10　文丘里流量计及孔板流量计率定实验设备结构简图

四、实验步骤

（1）记录管道大小管直径 D 和 d。

（2）启动抽水机，使水进入水箱，并使水箱保持溢流，使水位恒定。

（3）将尾阀开最大，观察测量孔口压差的两个 U 形管是否有溢出，如有按老师示范的方法加或放适量空气，直至在可读范围内。

（4）关上尾阀，观察 h_1、h_2 压差计液面是否齐平以及 $h_3 - h_4 + h_5 - h_6$ 是否等于 0，若不平或不等于 0，则需排气调平。

（5）调节尾阀，依次增大流量和依次减小流量。量测各次流量相应的压差值。共做 10 次。用体积法测量流量。

（6）将每次测量的各管数值和流量记录在表格里，依次计算出文丘里流量计和孔板流量计的流量系数 μ 值。

五、注意事项

（1）改变流量时，需待开关改变后，水流稳定（至少 $3\sim5\mathrm{min}$），方可记录。

（2）当管内流量较大时，测压管内水面会有波动现象。应将波动水面最高与最低读数的平均值作为该次读数。

六、实验成果及要求

（1）实验数据记录及计算见表 2-6。

表 2-6　　　　　　文丘里流量计及孔板流量计率定实验数据记录与计算表

圆管直径 $D=$ ＿＿＿＿＿ cm；喉管、孔板直径 $d=$ ＿＿＿＿＿ cm；实验装置台号：＿＿＿＿。

常数 $K=\dfrac{\pi}{4}\dfrac{D^2 d^2}{\sqrt{D^4-d^4}}\sqrt{2g}=$ ＿＿＿＿＿ $\mathrm{cm^{2.5}/s}$。

次序	体积 /cm³	时间 /s	流量 Q /(cm³/s)	测压管高度 /cm						测压管高差 /cm		文丘里流量系数	孔板流量系数
				h_1	h_2	h_3	h_4	h_5	h_6	h_1-h_2	$h_3-h_4+h_5-h_6$	$\mu_{文}$	$\mu_{孔}$
1													
2													
3													
4													
5													
6													
7													
8													
9													
10													

（2）成果分析。绘制 Q-Δh 关系曲线。在厘米方格纸上，以 Δh 为横坐标，以 Q 为纵坐标，分别点绘文丘里流量计和孔板流量计的 Q-Δh 曲线。根据实测的值，分析文丘里流量计与孔板流量计的流量系数不相同的原因。

七、思考题

（1）若文丘里流量计和孔板流量计倾斜放置，测压管水头差是否变化？为什么？

（2）收缩断面前与收缩断面后相比，哪一个的压强大？为什么？

（3）孔板流量计的测压管水头差为什么是 $h_3-h_4+h_5-h_6$？试推导之。

（4）实测的 μ 值是大于 1 还是小于 1？

（5）每次测出的流量系数 μ 值是否是常数？若不是则与哪些因数有关？

第六节　动量方程验证实验

一、目的要求

(1) 测定管嘴喷射水流对平板或曲面板所施加的冲击力。

(2) 将测出的冲击力与用动量方程计算出的冲击力进行比较，加深对动量方程的理解。

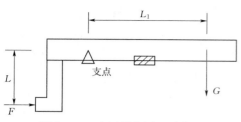

图 2-11 力矩平衡原理示意图

二、实验原理

应用力矩平衡原理（图 2-11），求射流对平板和曲面板的冲击力。

力矩平衡方程为

$$FL = GL_1 \qquad (2-25)$$

$$F = \frac{GL_1}{L} \qquad (2-26)$$

式中 F——射流作用力；

L——作用力力臂；

G——砝码重量；

L_1——砝码力臂。

恒定总流的动量方程为

$$F = \rho Q(\beta_2 v_2 - \beta_1 v_1) \qquad (2-27)$$

若令 $\beta_2 = \beta_1 = 1$，且只考虑其中水平方向作用力，则可求得射流对平板和曲面的作用力公式：

$$F = \rho Q v(1 - \cos\alpha) \qquad (2-28)$$

式中 Q——管嘴的流量；

v——管嘴流速；

α——射流射向平板或曲面板后的偏转角度。

$\alpha = 90°$ 时，$F_平 = \rho Q v$，其中，$F_平$ 为水流对平板的冲击力。

$\alpha = 135°$ 时，$F = \rho Q v(1 - \cos 135°) = 1.707 \rho Q v = 1.70 F_平$。

$\alpha = 180°$ 时，$F = \rho Q v(1 - \cos 180°) = 2\rho Q v = 2 F_平$。

三、实验设备

实验设备及其结构简图见图 2-12 和图 2-13，实验中配有 $\alpha = 90°$ 的平面板、$\alpha = 135°$ 和 $\alpha = 180°$ 的曲面板，另备大小量筒及秒表各 1 只。

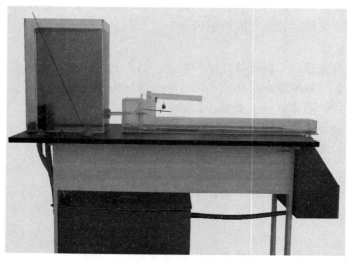

图 2-12 动量方程验证实验设备

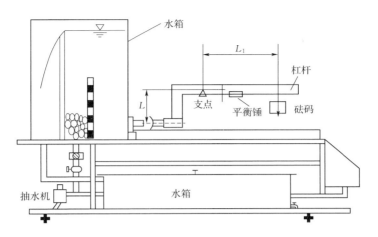

图 2-13 动量方程验证实验设备结构简图

四、实验步骤

（1）记录管嘴直径和作用力力臂。

（2）安装平面板，调节平衡锤位置，使杠杆处于水平状态（杠杆支点上的气泡居中）。

（3）启动抽水机，使水箱充水并保持溢流。此时水流从管嘴射出，冲击平板中心，标尺倾斜。加砝码并调节砝码位置，使杠杆处于水平状态，达到力矩平衡。记录砝码质量和力臂 L_1。

（4）用体积法测量流量 Q 用以计算 $F_理$。

（5）将平面板更换为曲面板（$\alpha=135°$ 及 $\alpha=180°$），测量水流对曲面板的冲击力并重新用体积法测量流量。

（6）关闭抽水机，将水箱中水排空，将砝码从杠杆上取下，结束实验。

五、注意事项

（1）量测流量后，量筒内的水必须倒进接水器，以保证水箱循环水充足。

（2）测流量时，计时与量筒接水一定要同步进行，以减小流量的量测误差。

（3）测流量一般测两次取平均值，以消除误差。

六、实验成果及要求

（1）实验数据记录及计算见表 2-7。

表 2-7 动量方程验证实验数据记录与计算表

喷管直径 $d=$ ＿＿＿＿＿＿ cm；作用力力臂 $L=$ ＿＿＿＿＿＿ cm；实验装置台号：＿＿＿＿＿＿。

测次	体积 /cm³	时间 /s	流量 /(cm³/s)	平均流量 /(cm³/s)	流速 /(cm/s)	冲击角度 α /(°)	砝码重量 /($\times 10^{-5}$N)	力臂 L_1 /cm	实测冲击力 $F_实$ /($\times 10^{-5}$N)	理论冲击力 $F_理$ /($\times 10^{-5}$N)
1										
2										
3										
4										
5										
6										

（2）成果分析。将实测的水流对板的冲击力与由动量方程计算出的水流对板的冲击力进行比较，计算出其相对误差，并分析产生误差的原因。

七、思考题

（1）$F_实$ 与 $F_理$ 有差异，除实验误差外还有什么原因？

（2）实验中，平衡锤产生的力矩没有加以考虑，为什么？

第七节　管流流态实验

一、目的要求

（1）测定沿程水头损失与断面平均流速的关系，并确定临界雷诺数。

（2）加深对不同流态的阻力和损失规律的认识。

二、实验原理

（1）列量测段 1—1 与 2—2 断面的能量方程：

$$z_1 + \frac{p_1}{\gamma} + \frac{\alpha_1 v_1^2}{2g} = z_2 + \frac{p_2}{\gamma} + \frac{\alpha_2 v_2^2}{2g} + h_{w1-2} \qquad (2-29)$$

由于是等直径管道恒定均匀流，所以 $v_1 = v_2$，$\alpha_1 = \alpha_2$，$h_{w1-2} = h_{f1-2}$，即沿程水头损失等于流段的测压管水头差：

$$h_{f1-2} = \left(z_1 + \frac{p_1}{\gamma}\right) - \left(z_2 + \frac{p_2}{\gamma}\right) \qquad (2-30)$$

断面 1—1 与 2—2 的测压管接至斜比压计上，其倾斜角为 α，令斜比压计的测压排读数为 ∇_1 及 ∇_2，则

$$h_{f1-2} = (\nabla_1 - \nabla_2)\sin\alpha \qquad (2-31)$$

量测长度为 L，则水力坡度 $J = h_f/L$。

（2）用体积法测定流量。利用量筒与秒表，得到量筒盛水的时间 T 及盛水的体积 V，则流量 $Q = V/T$，相应的断面平均流速 $v = Q/A$。

（3）量测水温，查相关曲线得运动黏滞性系数 ν 或用下式计算：

$$\nu = \frac{0.01775}{1 + 0.0337t + 0.000221t^2} \qquad (2-32)$$

式中，ν 单位为 cm^2/s，t 单位为℃。

（4）相应于不同流速时的雷诺数为

$$Re = \frac{vd}{\nu} \qquad (2-33)$$

三、实验设备

实验设备如图 2-14 所示。另备量筒 1 个、秒表 1 只、温度计 1 只。

四、实验步骤

（1）从紊流做到层流，将尾阀开到最大，待水流稳定后，测读 ∇_1、∇_2、V、T，便完成了第一个测次。计算出来雷诺数大约为七八千，每套设备不一样，以自己量测计算为准。

（2）关小尾阀，关多少？读比压计的同学看到比压计的差值减少 3～4cm 时，命令关阀的同学停止关阀，稳定后再精确测读 ∇_1、∇_2、V、T，便完成了第二个测次。计算出来雷诺

数大约在第一个测次上递减 1000。

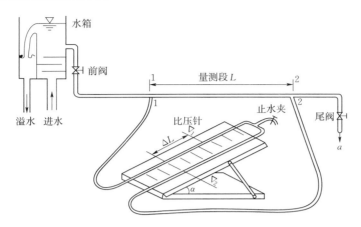

图 2-14　管流流态实验设备

（3）以此类推逐次关小尾阀，比压计的差值也逐次递减，从 3~4cm 到 1~2cm，计算出来雷诺数也逐次递减 1000 左右，直到计算出雷诺数为 3000 左右。雷诺数从最大到 3000 附近最少应做 5 个测次。

（4）雷诺数降到 3000 附近后，尾阀开度的变化不宜过大，尽量使阀门开度变化最小，这时比压计的差值变化是毫米级递减，首先是 5~6mm，然后是 1~2mm 递减，计算出来的雷诺数是 100~200 地递减，雷诺数从 3000 左右到 2000 左右要做 5 个测次。雷诺数在 2000 以下后同样是尽量以最小的幅度关小尾阀再做 5 个测次，一直做到管道出流几乎呈滴淋状，计算出来的雷诺数为 500~700，方才做完了从紊流到层流的实验过程。测点分布是：雷诺数从最大到 3000 附近应有 5 个测点，雷诺数为 2000~3000 应有 5 个测点，雷诺数为 500~2000 要有 5 个测点，一共有 15 个测点以上。

五、注意事项

管流流态实验（亦称雷诺实验）的技术性比较强，必须精心操作，才能取得反映真实情况的成果。要注意以下情况：

（1）不能弄错尾阀的关小与开大。尾阀顺时针旋转为关小，逆时针旋转为开大。

（2）应尽可能减少外界对水流的干扰。在实验过程中，要保持环境安静，不要碰撞管道以及与管道有联系的器件，要仔细轻巧地操作。尾阀开度的改变对水流也是一个干扰，因而操作阀门要轻微缓慢，而且切忌在关小的过程中有开大，或在开大的过程中有关小的现象发生。

（3）尾阀开度的变化不宜过大。当流速较大时，斜比压计上的读数差改变在 2cm 左右为宜。当接近临界区 $Re_k = 2000~2300$，斜比压计上读数差约为 1.5cm 以后，每次调节时斜比压计上的读数差改变应控制在 1~2mm。一个单程的量测（从紊流到层流）应做 15~20 个测次，预计全部实测的雷诺数在 500~8000 之间，但在雷诺数小于 2500 以下时约需 10 个测次才能保证实验成果比较完满。

（4）每调节一次尾阀，必须等待 3min，水流稳定后，方可施测。

（5）用体积法测流量时，量水时间越长，流量越精确，尤其在小流量时，应该注意延长盛水时间。

（6）量测水温时，要把温度计放在量筒的水中来读数，不可将它拿出水面之外读数。

六、实验成果与要求

1. 数据记录与计算表（表 2-8）。

表 2-8 管流流态实验数据记录与计算表

管径 $d=$ _____ cm；管道过水面积 $A=$ _____ cm²；量测段长度 $L=$ _____ cm；比压计倾斜率 $\sin\alpha=$ _____；水温 $t=$ _____ ℃；运动黏滞性系数 $\nu=$ _____ cm²/s。

测次	比压计读数			水头损失 h_f /cm	水力坡度 J	体积 V /cm³	时间 T /s	流量 Q /(cm³/s)	流速 v /(cm/s)	Re	$\lg J$	$\lg v$
	∇_1 /cm	∇_2 /cm	$\nabla_1-\nabla_2$ /cm									
1												
2												
3												
4												
5												
6												
7												
8												
9												
10												
11												
12												
13												
14												
15												
16												
17												
18												

2. 成果整理

分别以 $\lg J$ 和 $\lg v$ 为纵、横坐标，绘制 $\lg J$ - $\lg v$ 关系线。雷诺数为 3000 以上时拟合一条直线，斜率为 1.7 左右；雷诺数在 2000 以下时拟合一条直线，斜率为 1 左右；将雷诺数为 2000～3000 的点光滑连接，与斜率为 1 的直线相交，以此交点定出紊流向层流转化的临界点。由临界点所对应的 $\lg v$ 的值，查反对数得出 $v=v_k$，故可得到临界雷诺数为

$$Re_k=\frac{vd}{\nu} \tag{2-34}$$

七、思考题

（1）为什么上、下临界雷诺数数值会不一样？

（2）若将管道倾斜放置，对临界雷诺数是否有影响？为什么？

第八节 有压渗流水电比拟法实验

一、目的要求

（1）用水电比拟法测量闸（坝）基有压渗流场的等势线，绘制流网。

（2）根据流网确定渗透流量、渗透流速和扬压力。

二、实验原理

水电比拟试验是根据渗流达西定律与电学中欧姆定律的相似性，以及拉普拉斯方程式的类同，以电流场模拟渗流场进行的水工建筑物模型试验。

在均质各向同性的不可压缩恒定平面渗流场中，渗透系数 k 为常数，任意点的总水头 $h(x,y)$ 为流场的函数。将达西定律代入不可压缩平面流场连续性方程：

$$\frac{\partial u_x}{\partial x} + \frac{\partial u_y}{\partial y} = 0 \qquad (2-35)$$

则有

$$\frac{\partial^2 h}{\partial x^2} + \frac{\partial^2 h}{\partial y^2} = 0 \qquad (2-36)$$

式（2-36）表明总水头函数 $h(x,y)$ 与推导流网性质时引用的势函数 φ 都符合拉普拉斯方程。

在平面电流场中，电位函数 $V(x,y)$ 满足：

$$\frac{\partial^2 V}{\partial x^2} + \frac{\partial^2 V}{\partial y^2} = 0 \qquad (2-37)$$

故在相同边界条件下，水头 h 与电位势 V 都具有拉普拉斯方程相同的解。因此，渗流场、电流场在相同边界条件下存在水电比拟关系。其他物理量对应关系见表 2-9。从表 2-9 可以看出，在模型做成几何形状相似和边界条件相似的情况下，可用测等电势线的方法来测出渗流场中的等势线，再用手描法绘制流线，从而得到渗流流网。

表 2-9　　　　　　　　　　水电比拟物理量对应关系表

渗流场	电流场
测管水头 h	电位 V
渗流系数 k	导电率 σ
渗流流速 v	电流密度 i
达西定律：$v = -k\dfrac{\mathrm{d}h}{\mathrm{d}L}$	欧姆定律：$i = -\sigma\dfrac{\mathrm{d}V}{\mathrm{d}L}$
渗流量 q	电流 I

应用流网进行渗流计算，通过实验和绘图得到等势线与流线组成的流网，上下游水头差为 H，流网共有 $n+1$ 条等势线，等势线之间的水头差为常数 $\Delta h = \dfrac{H}{n}$，即需测量 $n-1$ 条等势线；流网共有 $m+1$ 条流线，即有 m 个流段，则渗流计算如下。

建筑物所受的扬压力为建筑物所受的浮托力和渗流压力之和，即：扬压力为建筑物基底截面上所受地下水总的铅垂向压强对整个基底总截面的积分值。

按式（2-38）求各点的水力坡度：

$$J = -\frac{\mathrm{d}h}{\mathrm{d}s} = \frac{H}{n\Delta s} \tag{2-38}$$

式中　Δs——该网格内流线长度，可从流网中直接量出。

渗流区内各点的渗透流速即为 $u = kJ$。

第 i 流段的单宽渗流量 Δq_i 为

$$\Delta q_i = k\frac{\Delta h}{\Delta s_i}\Delta l_i = k\Delta h\frac{\Delta l_i}{\Delta s_i} \tag{2-39}$$

其中，$\Delta h = H/n$；Δl_i 和 Δs_i 为第 i 段网格的等势线和流线的长度，可直接由流网图测量出。根据曲边正方形的流网性质，每一流段的单宽渗流量 Δq_i 均应相等，因此渗流区的单宽总渗流量 q 为

$$q = m\Delta q_i = mk\Delta h = kH\frac{m}{n} \tag{2-40}$$

三、实验设备

图 2-15 所示的设备图中，水电比拟实验仪为电子仪表的面板图。模型池盆为导轨式水电比拟实验池盆。

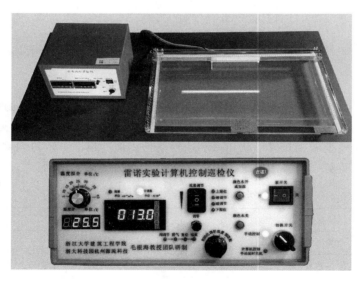

图 2-15　水电比拟实验设备

本实验模型为闸（坝）基下有压渗流模型，闸下土壤为均质各向同性，渗透系数 $k = 5\times10^{-2}\,\mathrm{cm/s}$，上游水位为 9m，下游水位为 1m，闸（坝）基不透水长度为 24.5m，模型取上下游水长度各为 25m。模型比例尺为 1∶100。

水电比拟实验仪的工作电压要求为供变频电压，这是为了防止铜板电极极化影响精度。工作电压频率也不能太高，否则易造成电压线耗与干扰。本水电比拟实验仪所提供的变频电压频率为 1000～2000Hz，符合水电比拟实验抗铜板极化与抗干扰的实验要求。上下游汇流板的工作电压为变频电压（10V 左右），在"状态选择"开关置于满度档位时，可调节满度调节旋钮，将上下游汇流板的工作电压调节到"满度电压百分比值表"的显示电压为

100.0，即100%。在"状态选择"开关置于流场测量档位时，"满度电压百分比值表"所显示的电压为测针测点位置的量测值，即满度电压的百分比值，范围为0～100%。

模型池盆由平移导电测量桥、导电滑槽、X与Y坐标尺、平移机构和带金属测针的导电滑块等组成。测量桥在Y方向移动，平移机构能确保其左右Y尺的平行度误差不大于±1mm。其金属测针不带拖携导电线，由导电槽和导电滑块替代。测针位置的坐标由X坐标尺与Y坐标尺测读。

四、实验步骤

模型池盆放置于已调节水平的实验台桌面上，用水平尺校验水平度。池盆中放入约2cm深的自来水。

将"状态选择"开关置于满度档位，调节满度调节旋钮，将上下游汇流板的工作电压调节到"满度电压百分比值表"的100%。实验过程中，无需移动测针便可实时检验并调节满度电压值，使之保持100%。

将"状态选择"开关置于流场测量档位，移动测量桥与测量滑块，使测针依次与下上游汇流板的铜板接触，检查"满度电压百分比值表"是否分别显示为0与100%，若显示值超出3个数，则接线可能接触不良，需检查处理。

（1）测量等电势线。将上下游导电板间电位差分为10等份，每两条等电势线之间的电位差为10%，即测10%、20%、…、90%等9条等电势线。实际等电势线还有上游汇流板和下游汇流板2条，共11条。

根据图2-15，将测量滑块移至边界处，顺着边界滑动带测针的滑块，找到电压量90%的电压均分点的坐标，并将坐标值记录在等势线测量表格上；将X坐标移动1～2cm，滑动Y坐标找到电压量90%的电压均分点的第二点坐标；再将X坐标移动3～5cm，滑动Y坐标找到电压量90%的电压均分点的第三点坐标；以此类推，重复上述方法，直至完成90%的电压均分点的等势线测量。带测针滑块的移动步长越近边界处，等势线曲率大的地方步长越短（1～2cm），反之越长，远端步长可至3～5cm。如果有的等势线测点不够，需补测时，可将滑块在X轴上固定，移动滑块寻找补测点。

重复90%等势线测量方法，分别完成10%～80%电压均分点的等势线测量，直至完成整个流场等势线测量。

（2）测量流线。将上下游导电板间电位差分为5等份，每两条流线之间的电位差为20%，即测20%、40%、60%、80%等4条流线。实际流线还有上游汇流板和下游汇流板2条，共6条。注意流线模型盘的绝缘边界和汇流板的位置和等势线相反。测流线的方法与等势线相似，因流线与等势线是正交的，根据图2-15，将测量桥移至边界处，顺着边界滑动带测针的滑块，找到电压量80%的电压均分点的坐标，并将坐标值记录在流线测量表格上；将Y坐标移动1～2cm，滑动X坐标找到电压量80%的电压均分点的第二点坐标；再将Y坐标移动3～5cm，滑动X坐标找到电压量80%的电压均分点的第三点坐标，与等势线不同的是流线在防渗帷幕处有拐点，这时应该将X轴坐标移动1～2cm，滑动Y坐标找到电压量80%的电压均分点的坐标；以此类推，重复上述方法，直至完成80%的电压均分点的流线测量。

重复80%等流线测量方法，分别完成20%～60%电压均分点的流线测量，直至完成整个流场流线的测量。

五、注意事项

实验前，一定要检查电路无误后，方可接通电源。实验完毕一定要断开电源，方可离去。

等势线（或流线）最好边测边绘制在方格纸上，以便判断测点分布是否合理，是否需要补测点，以利于现场补测。

六、实验成果及要求

（1）记录相关信息及实验常数。

实验台号：＿＿＿＿＿＿＿＿＿＿　　　　　　实验日期：＿＿＿＿＿＿＿＿

渗透系数：$k＝5×10^{-2}$cm/s；模型比例尺：1：100。

上游水位：9m；下游水位：1m；闸（坝）基不透水长：24.5m。

工作电压：100％；频率：＿＿＿＿＿＿Hz。

（2）实验数据记录见表2－10和表2－11。

表 2－10　　　　　　　　　　　　　等电势线测量数据记录表

90％电压		80％电压		70％电压		60％电压		50％电压		40％电压		30％电压		20％电压		10％电压	
X坐标	Y坐标	X坐标	Y坐标	X坐标	Y坐标	X坐标	Y坐标	X坐标	Y坐标	X坐标	Y坐标	X坐标	Y坐标	X坐标	Y坐标	X坐标	Y坐标

表 2－11　　　　　　　　　　　　　流线测量记录表

80％电压		60％电压		40％电压		20％电压	
X坐标	Y坐标	X坐标	Y坐标	X坐标	Y坐标	X坐标	Y坐标

80%电压		60%电压		40%电压		20%电压	
X 坐标	Y 坐标	X 坐标	Y 坐标	X 坐标	Y 坐标	X 坐标	Y 坐标

（3）成果要求。测量等势线的小组与测量流线的小组交换实验数据，用 CAD 软件画出所测流网。根据绘制的流网图完成所要求的渗流计算。

七、思考题

（1）模型池盆的形状和大小对实验结果有无影响？

（2）为什么要求模型池盆水平？为什么工作电压要用 1000～2000Hz 的变频信号？

（3）为什么建筑物边界急剧变化的地方，流网的网格形状不是正方形？

第九节　孔口与管嘴流量系数验证实验

一、目的要求

（1）测定孔口出流的流量系数 μ、流速系数 φ 和收缩系数 ε。

（2）测定管嘴出流的流量系数 μ，并了解管嘴内部压强分布特征。

二、实验原理

（1）孔口出流。由于惯性作用，水流在孔口外有收缩现象，在距孔口约 $0.5d$ 处形成收缩断面 $c-c$。收缩断面 $c-c$ 的面积 A_c 与孔口的面积 A 的比值 ε 称为收缩系数。应用能量方程可推得孔口流量计算公式：

$$Q=\varepsilon\varphi A\sqrt{2gH}=\mu A\sqrt{2gH} \tag{2-41}$$

式中 H——孔口中心点以上的作用水头；

φ——流速系数；

μ——流量系数，$\mu=\varepsilon\varphi$。

本实验将根据实测的流量和收缩断面直径等数据测定流量系数 μ，以及收缩系数 ε 和流速系数 φ。

（2）管嘴出流。由于管嘴内部的收缩断面处产生真空等于增加了作用水头，管嘴的出流大于孔口出流。应用能量方程可推得管嘴流量计算公式：

$$Q=\mu_\mathrm{n}A\sqrt{2gH} \tag{2-42}$$

式中 μ_n——流量系数；

H——管嘴中心点以上的作用水头。

本实验将实测流量以测定流量系数 μ_n，同时观测管嘴中若干断面的测压管液面读数。

三、实验设备

实验设备与其结构简图如图 2-16 和图 2-17 所示。

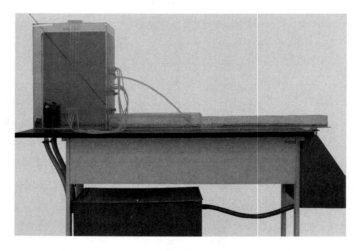

图 2-16 孔口与管嘴流量系数验证实验设备

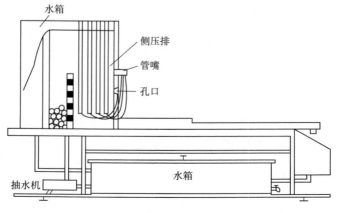

图 2-17 孔口与管嘴流量系数验证实验设备结构简图

四、实验步骤

（1）熟悉仪器，记录孔口直径 $d_{孔口}$ 和管嘴直径 $d_{管嘴}$，记录水箱液面高程 $\nabla_{液面}$、孔口中心位置高程 $\nabla_{孔口}$ 和管嘴中心位置高程 $\nabla_{管嘴}$。

（2）打开电源开关，启动抽水机，使水进入水箱，并使水箱保持溢流、水位恒定。

（3）关闭孔口和管嘴，观测与管嘴相连的测压管液面是否与水箱水面齐平，若不平，则需排气调平。

（4）打开孔口，形成孔口出流。当流动稳定后，用体积法测量流量，并用游标卡尺测量孔口收缩断面直径（具体做法可请教实验室老师）。

（5）关闭孔口，打开管嘴，形成管嘴出流，此时各测压管液面将改变。当流动稳定后，用体积法测量流量，并记录各测压管液面读数。

（6）关闭电源开关，排空水箱的水，结束实验。

五、注意事项

（1）量测流量后，必须将量筒内的水倒回接水器，以保证水箱循环水充足。

（2）测流量时，计时与量筒接水一定要同步进行，以减小流量的量测误差。

（3）测流量一般测两次取平均值，以消除误差。

（4）少数测压管内水面会有波动现象。应读取波动水面的最高与最低读数的平均值。

六、实验成果

1. 设备参数

实验装置台号：＿＿＿＿＿＿＿＿。

水箱液面高程 $\nabla_{液面}$ ＝＿＿＿＿＿＿＿＿ cm。

孔口直径 $d_{孔口}$ ＝＿＿＿1＿＿＿ cm，孔口中心位置高程 $\nabla_{孔口}$ ＝＿＿＿10＿＿＿ cm。

管嘴直径 $d_{管嘴}$ ＝＿＿＿1＿＿＿ cm，管嘴中心位置高程 $\nabla_{管嘴}$ ＝＿＿＿30＿＿＿ cm。

2. 测量数据及计算

孔口与管嘴实验数据记录及计算分别见表 2－12 和表 2－13。

表 2－12　　　　　　孔口实验数据记录及计算表

测次	体积 W /cm³	时间 T /s	流量 $Q=W/T$ /(cm³/s)	平均流量 $Q_{平均}$ /(cm³/s)	水头 H /cm	收缩断面直径	收缩系数 ε	流量系数 μ	流速系数 φ
1									
2									

注　$H=\nabla_{液面}-\nabla_{孔口}$，$\varepsilon=(d_c/d_{孔口})^2$，$\mu=\dfrac{4Q}{\pi(d_{孔口})^2\sqrt{2gH}}$（$g=980\text{cm/s}^2$）。

表 2－13　　　　　　管嘴实验数据记录及计算表

测次	体积 W /cm	时间 T /s	流量 $Q=W/T$ /(cm³/s)	平均流量 $Q_{平均}$ /(cm³/s)	水头 H /cm	流量系数 μ_n	各测压管液面读数（以桌面为基准）/cm			
							$0.5d$	d	$1.5d$	$2.5d$
1										
2										

注　$H=\nabla_{液面}-\nabla_{管嘴}$，$\mu_n=\dfrac{4Q}{\pi(d_{管嘴})^2\sqrt{2gH}}$（$g=980\text{cm/s}^2$）。

七、思考题

（1）水力学教材中孔口和管嘴出流相关系数如下：孔口处，$\varepsilon = 0.63 \sim 0.64$，$\varphi = 0.97 \sim 0.98$，$\mu = 0.60 \sim 0.62$；管嘴处，$\mu_n = 0.82$。请将你的实测结果与之对比，分析产生误差的原因。

（2）分析管嘴中真空度的分布规律，并将实测最大真空度与理论分析结果 $h_{vmax} \approx 0.75H$ 进行对比。

第三章 综合设计类实验

第一节 明槽糙率的测定实验

一、目的要求

（1）掌握明槽均匀流或明槽非均匀渐变流糙率的测定方法。

（2）将实验所测得的 $n_{测}$ 与已知材料的糙率 n 进行比较。

二、实验原理

（1）均匀流公式为

$$v = C\sqrt{Ri} \tag{3-1}$$

其中：

$$v = Q/A$$
$$R = A/\chi$$
$$i = (\nabla_1 - \nabla_2)/L$$

式中 Q——流量；

A——过水断面面积；

R——水力半径；

χ——湿周；

L——测量段长度；

∇_1、∇_2——上、下游水面高程。

将以上数据代入式（3-1）即可算出谢才系数：

$$C = \frac{v}{\sqrt{Ri}} \tag{3-2}$$

再由曼宁公式：

$$C = \frac{1}{n}R^{\frac{1}{6}} \tag{3-3}$$

算出糙率 $n_{测}$。

（2）上述方法仅适用于紊流均匀流阻力平方区，但在实验室中不具备可变水槽的条件，一般在固定底坡长度有限的水槽中很难调到均匀流，所以上述方法不适用。

因在固定底坡长度不足的水槽中一般只能产生明槽非均匀渐变流，所以对明槽糙率的测量只能通过对明槽非均匀渐变流列能量方程式的办法来解决。

在明槽非均匀渐变流中取一测量段，如图 3-1

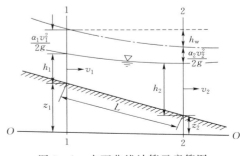

图 3-1　水面曲线计算示意简图

51

所示。对相距 L 的断面 1—1 和 2—2 列能量方程，并令 $\alpha_1 = \alpha_2 = 1.0$。

$$z_1 + \frac{p_1}{\gamma} + \frac{\alpha_1 v_1^2}{2g} = z_2 + \frac{p_2}{\gamma} + \frac{\alpha_2 v_2^2}{2g} + h_{\mathrm{w}1\text{-}2} \tag{3-4}$$

在长直玻璃水槽中，$h_{\mathrm{j}} = 0$，所以 $h_{\mathrm{w}(1\text{-}2)} = h_{\mathrm{f}(1\text{-}2)}$，代入式（3-4）得

$$h_{\mathrm{f}(1\text{-}2)} = \left(z_1 + \frac{p_1}{\gamma}\right) - \left(z_2 + \frac{p_2}{\gamma}\right) + \frac{v_1^2 - v_2^2}{2g}$$

或 $\tag{3-5}$

$$h_{\mathrm{f}(1\text{-}2)} = \left(z_1 + \frac{p_1}{\gamma} + \frac{v_1^2}{2g}\right) - \left(z_2 + \frac{p_2}{\gamma} + \frac{v_2^2}{2g}\right)$$

式（3-5）表明，在明槽渐变流中，某一测量段之间的沿程能量损失为两断面间的测压管水头差和两断面间的流速水头差之和，或者为两断面间单位重量水体的总机械能之差。

两断面间的测压管水头差可直接采用玻璃水槽上已经安装好的水位测针筒进行精确的测量。可将安装在水槽进口管道上的电磁流量计所测流量 Q 除以过水断面面积 A 得到平均流速，进而求得两断面间的流速水头差或两断面间单位重量水体的总机械能之差。由于施测段长度 L 是可预先量测到的，所以两断面间的平均能坡为

$$\overline{J_{\mathrm{p}}} = \frac{h_{\mathrm{f}(1\text{-}2)}}{L} \tag{3-6}$$

明槽非均匀渐变流条件下糙率 n 的计算目前尚无精确的计算方法，但在渐变流条件下，当量测长度较短时，一般可近似地借用均匀流公式来计算，且用前后两断面各水力要素的平均值来代替计算公式中的各有关水力要素，即

$$\overline{J_{\mathrm{p}}} = \frac{Q^2}{\overline{K}^2} = \frac{\overline{v}^2}{\overline{C}^2 \overline{R}} \tag{3-7}$$

将式（3-3）代入式（3-7）得

$$\overline{n} = \frac{\overline{R}^{2/3} \overline{J_{\mathrm{p}}}^{1/2}}{\overline{v}} \tag{3-8}$$

式中　n——两测量断面间单位长度上水槽糙率的综合平均值。

若水槽底面和侧面采用不同材料，当底面或侧面其中一种材料糙率值已知时，可用式（3-9）计算另一种材料的糙率值。

$$\overline{n} \chi = n_{\text{底}}^2 \chi_{\text{底}} + n_{\text{侧}}^2 \chi_{\text{侧}} \tag{3-9}$$

式中　χ——渠道断面上各部分湿周。

三、实验设备

选定一较长的可变坡的玻璃水槽或固定底坡的玻璃水槽，其上装有测量水位的测针，如图 3-2 所示。

四、实验步骤

（1）用水准仪与测尺测量每一过水断面水位测针在该断面的零点高程读数。

（2）对在各测量断面上的水位测针筒用橡皮管进行连通，灌水排气，待较长时间稳定后各测针筒内的水位即为同一水平面，分别记下各测针对该水平面的读数，作为基准面读数。为便于计算，该水平基准面应低于水槽水面。因此，测量时各断面的水位读数减去基准面读数即得各断面的测压管水头。

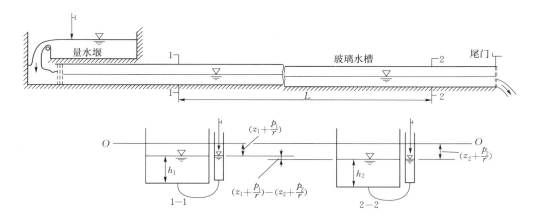

图 3-2　明槽糙率实验设备示意图

上述两步工作由实验室指导教师预先做好，并将各测量断面的测针零点高程和基准面读数分别记在各水位测针旁的小牌子上。

（3）选定两施测断面，将前后两施测断面上水位测针的零点高程和基准面读数以及两施测断面间的流段长度 L 分别记入记录表格。

（4）打开进水阀，调节尾门，使之产生接近均匀流的流动，使 h_1 接近 h_2。

（5）分别仔细检查各水位测针筒与水槽底部相连的橡皮管，看是否连通好，若有气泡阻隔，必须设法排净气泡。

（6）待水流稳定后（3～5min），由电磁流量计读出流量 Q。

（7）分别读出并记下前后两过水断面水位测针筒内的水位读数。

（8）改变流量和尾门开度，重复（6）～（7）步，可得又一组实验数据。

五、注意事项

（1）一定要等水流稳定后才能施测，在施测过程中千万不要随便变动尾门。

（2）施测水深时测针要接触水面波动的平均值，读测针游标值时，要正视。

（3）计算糙率 n 时长度单位一律要换算成"m"。

六、实验成果及要求

1. 已知数据

（1）槽宽 $B=$ ＿＿＿＿＿＿ cm。

（2）断面 1-1 至断面 2-2 的长度 $L=$ ＿＿＿＿＿＿ cm。

（3）断面 1-1。

槽底测针读数 $\nabla_{1底}=$ ＿＿＿＿＿＿ cm。

基准面测针读数 $\nabla_{1面}=$ ＿＿＿＿＿＿ cm。

（4）断面 2-2。

槽底测针读数 $\nabla_{2底}=$ ＿＿＿＿＿＿ cm。

基准面测针读数 $\nabla_{2面}=$ ＿＿＿＿＿＿ cm。

2. 数据记录与计算表（表 3-1）

表 3-1　　　　　　　　　　明槽糙率实验数据记录与计算表

名　称	单　位	第一次数据		第二次数据	
		断面 1—1	断面 2—2	断面 1—1	断面 2—2
测针筒水位读数 ∇	cm				
测压管水头 $z + \dfrac{p}{\gamma} = \nabla - \nabla_{基}$	cm				
断面水深 $h = \nabla - \nabla_{底}$	cm				
断面平均流速 $v = \dfrac{Q}{Bh}$	cm/s				
断面总机械能 $H = z + \dfrac{p}{\gamma} + \dfrac{v^2}{2g}$	cm				
平均水深 $\bar{h} = \dfrac{h_1 + h_2}{2}$	m				
平均水力半径 $\bar{R} = \dfrac{B\bar{h}}{B + 2\bar{h}}$	m				
平均流速 $\bar{v} = \dfrac{Q}{B\bar{h}}$	m/s				
平均能坡 $\overline{J_{\mathrm{p}}} = \dfrac{H_1 - H_2}{L}$					
平均糙率 $\bar{n} = \dfrac{\bar{R}^{2/3} \overline{J_{\mathrm{p}}}^{1/2}}{\bar{v}}$					

七、思考题

（1）糙率 n 的物理实质是什么？它与哪些因素有关？

（2）若为明槽恒定均匀流，其糙率如何测定？

第二节　堰流流量系数的测定实验

一、目的要求

（1）掌握堰流流量系数 m 的测定方法，了解流量系数 m 的物理意义。

（2）观察淹没堰流的水流形态和特征。

（3）点绘薄壁堰流流量系数 m 与水头 H_0 的关系曲线。

（4）点绘宽顶堰流流量系数 m 与水头 H_0 的关系曲线。

（5）点绘实用堰流流量系数 m 与水头 H_0 的关系曲线。

二、实验原理

堰流流量公式为

$$Q = mB\sqrt{2g}H_0^{3/2} \qquad (3-10)$$

由式（3-10）得

$$m = \frac{Q}{B\sqrt{2g}H_0^{3/2}} \qquad (3-11)$$

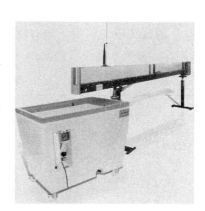

实验时，改变槽中的流量，即可测得相应于不同流量时的堰顶水头 H_0 值，然后计算出 H_0（含行近流速水头）。利用式（3-11）计算出相应于不同堰顶水头 H_0 的 m 值，从而可以点绘出 m 与水头 H_0 的关系曲线。

图 3-3　堰流流量系数的
测定实验设备

三、实验设备

堰流流量系数的测定实验设备如图 3-3 所示。玻璃水槽内可安装模块化薄壁堰、宽顶堰和实用堰。水流从水槽出口流出后进入水箱。水箱内装有三角量水堰，可用来测量流量。此外，水箱中还带有电磁流量计，可用来测量流量。

四、实验步骤

薄壁堰、宽顶堰和实用堰的流量系数测定法完全相同。实验中所测量参数如图 3-4 所示。

（1）放水之前，用活动测针测出堰前槽底高程 $\nabla_底$ 及堰顶高程 $\nabla_{堰顶}$，则堰高 $P = \nabla_{堰顶} - \nabla_底$。

（2）打开尾门后，接通电源，启动自循环水泵。调节尾门开度，保持堰流为自由出流状态。待水流稳定后，记录电磁流量计流量读数。

（3）在堰顶上游（3～5）H 以上断面处，用水位测针测读堰前的水深 h，得堰顶水头 $H_堰 = h - P$。

（4）计算行近流速 v_0 和包括行近流速水头的堰上水头 H_0。

$$v_0 = \frac{Q}{Bh} \qquad (3-12)$$

$$H_0 = H_堰 + \frac{\alpha_0 v_0^2}{2g} \qquad (3-13)$$

式中　B——槽宽，$\alpha_0 = 1.0$。

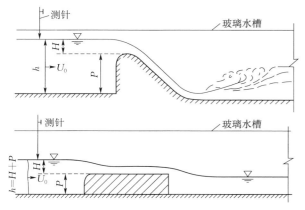

图 3-4　堰流流量系数的测定实验示意图

（5）按堰流流量公式（3-11）计算流量系数 m 值。

（6）改变流量（关小进水阀），重复（3）～（5）步骤，做 8 次左右。

（7）实验完成后，可关小尾门，抬高下游水位，观察淹没堰流的水流形态。

五、注意事项

（1）堰上水头一定要在距离堰顶（3～5）H 以上处量测。

（2）每次调节流量一定要待水流稳定（时间间隔大约需 10min）后，才能施测。

（3）关小尾门时，注意水位变化，不要使水流溢出槽外。

六、实验成果及要求

1. 实验数据

三角堰零点读数 $\nabla_0 =$ _____ cm；堰前水位测针零点读数 $\nabla_{底} =$ _____ cm。

堰高 $P =$ _____ cm；水槽宽度 $B =$ _____ cm。

2. 堰流流量系数测定实验数据记录及计算表（表 3-2）

表 3-2 堰流流量系数测定实验数据记录及计算表

三角堰		流量 $Q_{实}$ /(cm³/s)	流量计流量 $Q_{流}$ /(cm³/s)	堰前水面读数 $\nabla_{前}$ /cm	堰前水深 $h = \nabla_{前} - \nabla_{底}$ /cm	堰顶水头 $H_{堰} = h - P$ /cm	堰前过水断面面积 A_0 /cm²	堰前行近流速 v_0 /(cm/s)	$\dfrac{v_0^2}{2g}$ /cm	H_0 /cm	$B\sqrt{2g}H_0^{3/2}$ /(cm³/s)	流量系数 m
水面测针读数 ∇ /cm	水头 $H = \nabla - \nabla_0$ /cm											

七、思考题

（1）从 m 随 H_0 的变化趋势，说明其变化原因？

（2）如何从水流现象上判断堰流是否淹没？

（3）宽顶堰流的淹没过程有什么特点？

第三节　闸下自由出流流量系数的测定实验

一、目的要求

（1）掌握平板闸门流量系数 μ_0 的测定方法，了解影响 μ_0 的因素。

（2）点绘流量系数 μ_0 与相对开度 e/h 之间的关系曲线。

二、实验设备

该实验设备与堰流流量系数测定实验所用设备相同，如图 3-5 所示。在闸门处设有测量闸门开度的标尺，闸门前装有水位测针筒。

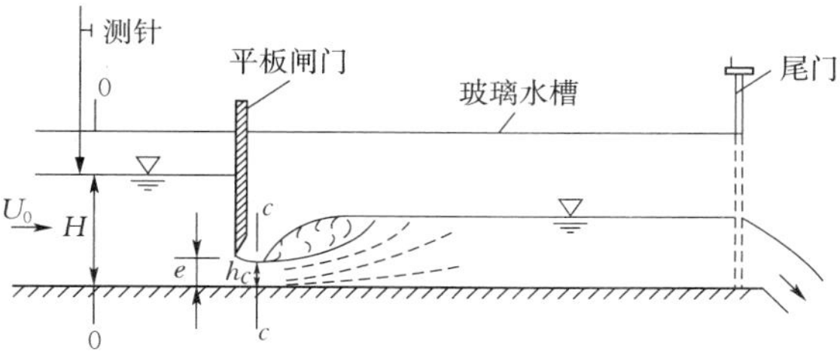

图 3-5　闸下自由出流流量系数测定实验示意图

三、实验原理

如图 3-5 所示，列 0—0 和 $c—c$ 断面的能量方程式：

$$H+\frac{\alpha_0 v_0^2}{2g}=h_c+\frac{\alpha_c v_c^2}{2g}+\zeta\frac{v_c^2}{2g} \tag{3-14}$$

经整理得

$$Q=\mu_0 eB\sqrt{2gH_0} \tag{3-15}$$

$$\mu_0=\frac{Q}{eB\sqrt{2gH_0}} \tag{3-16}$$

式中　μ_0——流量系数，它是流速系数 φ 和相对开度 e/h 的函数。

在实验中，保持流量一定，改变闸门开度，经量测 Q、H_0、e、B 值后，便可按式（3-16）求得 μ_0 值。最后，根据不同的相对开度，点绘 μ_0-e/h 关系曲线。

四、实验步骤

（1）水槽放水之前，首先关闭平板闸门，读记闸门标尺的起始读数 e_0。然后将闸门开到一定开启度。

（2）关闭首部的泄水阀，打开进水阀和尾阀，待水流稳定后，读取流量，流量应控制在闸门较小开度时闸前水面不溢出水槽为准。

（3）利用闸前水位测针，测读闸前水位。

（4）利用平板闸门上的标尺，测读闸门标尺读数 e'，到此即完成 1 个测次。

（5）继续进行第二次实验。增大一点平板闸门的开启度，待水流稳定后，测读闸前水位，测读闸门开度；做 8 次左右。

（6）当以上实验完毕后，调节尾门，改变下游水深，观察闸门下游淹没水跃、临界水跃、远离水跃的水流特点及水闸出流情况。

（7）分析整理实验数据，以 μ_0 为纵坐标，以 e/h 为横坐标，点绘 μ_0-e/h 曲线，即为本实验的成果。

五、注意事项

（1）水槽首部进水阀打开调好后，实验过程中不再变动，以保持流量一定。

（2）在实验过程中，应保证过闸水流为自由出流。为此尾门的开度应开大一些。

（3）闸门开度小时，闸前水面不得过高，以防水槽漫溢。

（4）实验点数据太少时，可变更流量和闸门的相对开度，重复实验步骤（2）～（5）。

六、实验成果及要求

1. 实验数据

三角堰零点 $\nabla_0 = $ _____ cm。

三角堰堰上水位读数 $\nabla = $ _____ cm。

三角堰堰上水头 $H = \nabla - \nabla_0 = $ _____ cm。

流量 $Q = 15.42 H^{2.47} = $ _____ cm^3/s。

闸前水位测针零点读数 $\nabla_底 = $ _____ cm；槽宽 $B = $ _____ cm。

闸门关闭时标尺起始读数 $e_0 = $ _____ cm。

2. 数据记录与计算表（表 3-3）。

表 3-3　　　　　　　　闸下自由出流流量系数测定实验数据记录及计算表

闸前水面读数 ∇ /cm	闸前水深 $h = \nabla - \nabla_底$ /cm	闸门标尺读数 e' /cm	闸门开度 $e = e' - e_0$ /cm	闸前过水断面面积 $A_0 = Bh$ /cm^2	闸前行近流速 $v_0 = \dfrac{Q}{A_0}$ /(cm/s)	$\dfrac{v_0^2}{2g}$ /cm	$H_0 = h + \dfrac{v_0^2}{2g}$ /cm	$eB\sqrt{2gH_0}$ /(cm^3/s)	μ_0	e/h

七、思考题

（1）为什么相对开度 e/h 会影响流量系数 μ_0 值？

（2）当闸下出现淹没出流时，闸前水位将发生什么变化？为什么发生这个变化？

第四节　泵特性综合实验

一、目的要求

（1）掌握水泵的基本测试技术，了解实验设备及仪器仪表的性能和操作方法。

（2）测定 P-100 自吸泵单泵的工作特性，作出特性曲线。

二、实验设备

（1）实验设备简图如图 3-6 所示（单泵实验选定 1 号泵为实验泵）。

（2）实验条件设置。选定 1 号泵作为实验泵，关闭 2 号、3 号、5 号阀门。

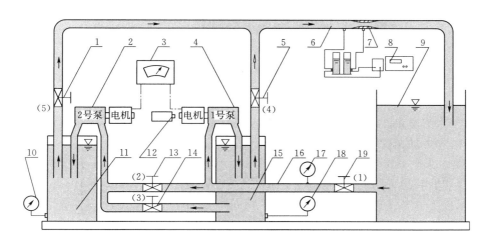

图 3 - 6 泵特性综合实验设备简图

1—流量调节阀（5）；2—2 号实验泵；3—数字功率表；4—1 号实验泵；5—流量调节阀（4）；6—出水管道；

7—文丘里流量计；8—流量传感器与数字流量表；9—蓄水箱；10—2 号泵数字压力表；

11—2 号泵稳压罐；12—光电转速计；13—进水阀（2）；14—进水阀（3）；

15—1 号泵稳压罐；16—吸水管道；17—数字压力真空表；

18—1 号泵数字压力表；19—进水阀（1）

三、实验原理

对应某一额定转速 n_{sF}，水泵的实际扬程 H、轴功率 N、泵效率 η 与水泵的出水流量 Q 之间的关系以曲线表示，称为水泵的特性曲线，它能反映出水泵的工作性能，可作为选择水泵的依据。

泵的特性曲线可用下列三个函数关系表示：

$$H = f_1(Q)；\quad N = f_2(Q)；\quad \eta = f_3(Q) \tag{3-17}$$

这些函数关系均可由实验测得，其测定方法如下。

1. 流量 $Q(10^{-6}\,\mathrm{m^3/s})$

使用文丘里智能数显流量仪可直接测得实时流量。

2. 实际扬程 H（m 水柱）

泵的实际扬程是指水泵出口断面与进口断面之间总水头差，是在测得泵进、出口压强、流速和测压表表位差后，经计算求得。由于本装置内各点流速较小，流速水头可忽略不计，故有

$$H = 102(h_d - h_s) \tag{3-18}$$

式中　H——扬程，m 水柱；

　　　h_d——水泵出口压强，MPa；

　　　h_s——水泵进口压强，真空值用"—"表示，MPa。

3. 轴功率（泵的输入功率）N（W）

$$N = P\eta_{电} \tag{3-19}$$

$$\eta_{电} = \left[a\left(\frac{P}{100}\right)^3 + b\left(\frac{P}{100}\right)^2 + c\left(\frac{P}{100}\right) \right]/100 \tag{3-20}$$

式中　P——功率表读数值，W；

　　　$\eta_\text{电}$——电动机效率；

a、b、c——电机效率拟合公式系数，预先标定提供。

4. 泵效率 η

$$\eta = \frac{\rho g H Q}{N} \times 100\% \qquad (3-21)$$

式中　ρ——水的容重，1000kg/m^3；

　　　g——重力加速度（$g = 9.8\text{m/s}^2$）。

5. 实验结果按额定转速的换算

如果泵实验转速 n 与额定转速 n_sp 不同，且转速满足 $(n - n_\text{sp})/n_\text{sp} \times 100\% < 20\%$，则应将实验结果按下面各式进行换算。

$$Q_0 = Q\frac{n_\text{sp}}{n} \qquad (3-22)$$

$$H_0 = H\left(\frac{n_\text{sp}}{n}\right)^2 \qquad (3-23)$$

$$N_0 = N\left(\frac{n_\text{sp}}{n}\right)^3 \qquad (3-24)$$

$$\eta_0 = \eta \qquad (3-25)$$

式（3-22）～式（3-25）中带下标"0"的各参数都指额定转速下的值。

四、实验步骤

（1）实验前，必须先对照图 3-6，熟悉实验装置各部分名称与作用，检查水系统和电系统的连接是否正确，蓄水箱的水量是否达到规定要求。记录有关常数。

（2）泵启动与系统排气：全开 1 号、4 号阀，其余阀全关，启动接通电源开启 1 号实验泵。待出水管道 6 中气体排尽后，关闭水泵，然后拧开各稳压筒上的放气螺丝，完成对稳压筒的加水和连接管排气，再将螺丝扭紧。

（3）电测仪调零：在 1 号泵关闭情况下，流量表 8、真空表 17、1 号泵压力表 18 应显示为 0，否则应调节其调零旋钮使其显示为 0。

（4）测记电测仪读值：在 1 号阀全开情况下，开启 1 号实验泵，调节 4 号阀，控制 1 号实验泵的出水流量。稳定后测记功率表 3、流量表 8、真空表 17、1 号泵压力表 18 的读值。

（5）测记转速：将光电测速仪射出的光束对准贴在电机转轴端黑纸上之反光纸，间距 2～5cm，即可读出轴的转速。转速须对应每一工况分别测记。

（6）按步骤（4）～（5），调节不同流量，测量 7～10 次。

（7）在 4 号阀半开情况下（压力表 18 读数值在 0.05MPa 左右），调节 1 号进水阀来控制泵的开度，稳定后测记功率表 1、流量表 8、真空表 17 与压力表 18 的读值并测记转速。重复测量 2～3 次，其中一次应使真空压力表 17 之表值达 -0.07MPa 左右。

（8）实验结束，先关闭泵开关，最后关闭总电源。

五、注意事项

（1）要保持测压连通管畅通，否则须及时疏通或者更换。

（2）若发生抱轴现象，可断开电源，然后用一字起子或类似物在电机背面转动电机轴数转；此后，泵即可工作如常。

六、实验成果及要求

1. 记录有关信息及实验常数

实验设备名称：泵特性实验装置 　　　　　　　实验装置台号 No. ___1___

实验者：_____ 　　　　　　　　　　实验日期：_____

电动机效率换算公式系数：

$a=$ ___2.451___ ; $b=$ ___−31.07___ ; $c=$ ___127.5___ ; $d=$ ___−105.8___

泵额定转速 $n_{sp}=$ ___2900___ r/min

2. 实验数据记录及计算表（表3−4和表3−5）

表3−4　　　　　　　　　　　　　　　单泵特性综合实验记录表

序号	转速 n /(r/min)	功率表读值 P /W	流量仪读值 q_v /(10^{-6}m³/s)	真空表读值 h_s /10^{-2}MPa	压力表读值 h_d /10^{-2}MPa
1					
2					
3					
4					
5					
6					
7					
8					
9					
10					

表3−5　　　　　　　　　　　　　　　单泵特性综合实验计算表

序号	实验换算值				$N_{sp}=2900$r/min 时的值			
	转速 n /(r/min)	流量 Q /(10^{-6}m³/s)	总扬程 H /m	泵输入功率 N /W	流量 Q_0 /(10^{-6}m³/s)	总扬程 H_0 /m	泵输入功率 N_0 /W	泵效率 η /%
1								
2								
3								
4								
5								
6								
7								
8								
9								
10								

3. 作特性曲线

根据实验值在同一图上绘制 H_0-Q_0、N_0-Q_0、η_0-Q_0 曲线。

七、思考题

（1）当水泵入口处真空度达 $7\sim8$m 水柱时，泵的性能明显恶化，试分析原因。

（2）由实验知泵的出水流量越大，泵进口处的真空度也越大，为什么？

附录 A　实验教学管理平台

一、实验教学管理平台

作为"水力学""流体力学""工程流体力学"和"水工水力学"等理论课程的配套实验课程，"水力学实验"和"流体力学实验"主要面向水利类、工程力学、给排水工程、能源工程、资源环境类等专业的学生开设。教学任务繁多，实验教学管理细节烦琐，对实验室技术管理水平要求较高。

现有的管理模式主要采用传统的人工预约模式，需要实验室技术人员、授课教师、学生之间多次反复沟通才能确定具体实验课时间。另外，实验过程中学生签到信息采用传统手写签名模式，信息查询效率不高。

随着信息化的高速发展，为对面向本科实验教学的实验室进行科学有效的信息化管理，以简化授课教师、实验室技术人员和学生之间交互流程，提高实验室管理人员的工作效率，提升本科实验教学管理水平和服务质量，实现实验室的开放管理、资源合理配置，武汉大学水利水电学院创建了实验教学管理平台。

二、实验预约流程

该平台主要包括实验室教学管理平台、管理系统门户网站和微信端应用三大部分，统一入口为管理系统门户网站，网络地址为：http://sygl.whu.edu.cn。除了由该入口进入系统外，学生还可以通过微信小程序进入。小程序入口可在微信小程序中搜索"武汉大学水利水电工程实验中心"找到，或通过手机扫描管理系统门户网站主页最下方的二维码，见附图 A-1。

附图 A-1　实验教学管理平台
微信小程序入口二维码

对于每一门实验课程，实验室管理人员先在系统中建立课程信息、课程学生名单、课程内实验项目、课程内实验学时数等基本信息，然后在管理系统中设置实验室开放日期和时段。对于集中开展的实验项目，课程授课教师可根据实验室开放信息和学生课表，自行排课，也可通知实验室管理人员排课。实验项目排定后，学生可在小程序中搜索到相应的排课信息。

为了适应本科生选课时间无法做到全部统一等问题，本实验室内多项实验项目可通过学生以小组形式预约的形式来开展。对于这一类型的实验项目，学生需要用自己的学号和默认密码登录预约模块进行预约。预约模块位于管理系统门户网站主页"快捷入口"栏目的"学生选课/预约"通道。在预约模块中，学生可直接勾选实验项目和实验时段。

在实验项目开展前，学生需要进入本系统的微信小程序，以自己的学号和默认密码登录，见附图 A-2，然后，扫描当次实验二维码签到。在实验项目结束，实验数据经过实验技术人员审核后，学生需要再次进入小程序，点击下课签到。实验教学管理平台后台会记录所有学生的签到信息，以便后续查找，见附图 A-3。

附图 A-2 微信小程序
登录界面

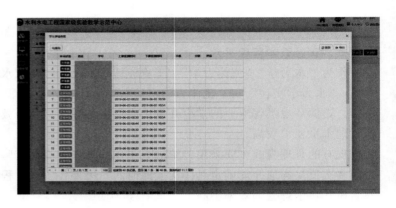

附图 A-3 实验室教学管理平台内学生签到信息示例

附录 B 自主设计创新实验平台

一、自主设计创新实验平台简介

为全面培养学生创新设计能力和工程实践能力，实验室面向学生提供自主设计创新实验项目。自主设计创新实验项目是指学生在教师的指导下，充分发挥想象力和创新力，结合水力学和流体力学相关问题，自主选题，自行拟定设计方案和实验方法，动手完成实验，自行进行数据统计分析，最后完成实验报告的项目。

为保证这类实验项目的开展，实验室专门新建了自主设计创新实验平台，见附图 B-1。该平台包括自循环水槽、明渠进口接头和三个不同高度水头的管道进口接头，能够提供不同水头的循环供水。在进行实验时，学生仅需注重具体实验方案和实验方法的设计，而无需考虑实验供水系统和排水系统。

附图 B-1　自主设计创新实验平台

二、实验流程

自主设计创新实验项目实验流程如下。

（1）选题。学生可根据兴趣自主拟定实验题目，也可根据各类创新项目提供的项目指南选定感兴趣的题目。在选题阶段，学生还需找到 1～2 名指导教师，并组建实验团队，团队成员一般不超过 3 人。

（2）拟订实验方案。在选题结束后，实验团队成员在指导教师的指导下，通过资料检索、文献查询等途径获得相关实验的现状，并在此基础上拟订实验方案。实验方案包括实验题目、实验目的、实验装置设计图、实验步骤、实验所需设备和技术支持等。经指导教师和实验室技术人员讨论确定合格后，即可正式确定实验方案。如不合格，则需修改实验方案，直至合格为止。

（3）实验装置制作。根据确定的实验装置设计图，在实验室技术人员和工人的配合下自行完成实验装置制作。在制作过程中如需对设计方案进行改动，需及时上报指导老师和实验室技术人员。

（4）开展实验测量。实验装置制作安装完成后，在实验室技术人员的帮助下架设实验数据测量设备，并学习如何使用这些设备。经实验室技术人员认证合格后，实验团队可正式开展实验测量工作。实验测量工作严格按照实验方案进行，数据测量工作严格按照实验设备规程进行。

（5）数据统计分析。在指导教师和实验室技术人员的指导下，实验团队开展数据统计分析，并根据数据统计分析结果，分析实验成果的合理性和确定是否需要进行调整。

（6）编写实验报告。实验最后阶段是编写实验报告，包括实验目的、实验原理、实验装置、实验方案、实验测量成果、实验数据分析、实验结论和实验中存在问题和不足等。

附录C ADV 简介及操作规程

一、工作原理

超声波测速仪采用称为多普勒效应的物理原理测量流速，即如果声源相对于声波接收器移动，则声波接收器处的声音频率可按一定比例由声波发射频率转换得到：

$$F_{\text{Doppler}} = -F_{\text{source}}(V/C) \qquad (C-1)$$

式中　F_{Doppler}——经多普勒效应转换后的接收频率；

　　　F_{source}——声源发射声波的频率；

　　　V——声源相对于声波接收器的运动速度；

　　　C——声波在水中的传播速度。

声波发射器及声波接收器发射、接收声波的过程见附图C-1。

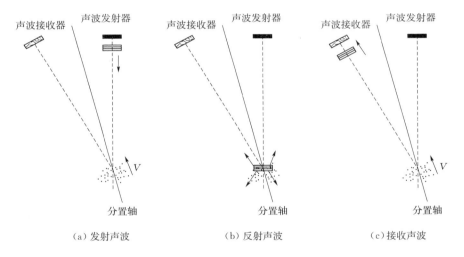

（a）发射声波　　　　　　（b）反射声波　　　　　　（c）接收声波

附图C-1　声波发射接收原理图

附图C-1中，发射器和接收器分开放置。发射器运用集中在一个狭窄圆锥体里的巨大能量发出声波，而接收器对来自一个极小角度范围的声波十分敏感，发射器和接收器组合起来产生窄细的具有方向特性的交叉波束，交叉波束包含少量水体并位于水下一定距离，其位置决定着采样体的位置。

仪器工作时，声波发射器以一个已知的频率产生脉冲声波，脉冲声波沿着波束的轴线在水中传播。脉冲声波通过水体后能被水中的一些颗粒物（如沙、小有机物、气泡等）在各个方位产生反射，一部分被反射的能量沿着接收器的轴线返回，由接收器检测并计算出它的频率变化量，根据测得的多普勒转换频率与沿着发射器和接收器的分置轴运动的颗粒速度成比例的性质，从而计算出水流速度。

二、主要部件及功能

超声波测速仪的主要部件有信号处理器和测速探头两部分。信号处理器按其使用范围可分为实验室用信号处理器和野外用信号处理器。野外用信号处理器又分为水上信号处理器和水下信号处理器。信号处理器执行测速时所需信号的产生及处理，它的功能包括产生电信号并在转换器中把它转变成声信号，把返回的信号数字化，执行对速率的计算及在输出数据前均化采样体。信号处理器实际上是一整块或几小块的印刷电路板，板上有若干个外部接头，通过信号传输电缆与测速探头和辅助输出输入设备（如显示器、绘图仪）连接，从而进行信号传递并把转换好的信号向外输出。它的作用相当于一个指挥中心，是超声波测速仪的大脑。

测速探头按其信号脉冲频率的大小可分为 10MHz 和 5MHz 两种，按有无可调传感装置可分为标准型和可调型两种。其中 10MHz 测速探头适用于浅水体、高空间的实验室或野外测量，5MHz 测速探头适用于易造成仪器损坏的野外测量。不同类型的探头在结构上都比较相似，一般由声波传感器、连杆、信号调节模块、固定尖端和高频信息电缆构成。探头前端是固定于连杆头部的三个金属杆组成的声波接收器，三个金属杆之间呈 120°角，它们可接收水中三个不同方向反射回来的声波；声波发射器位于声波接收器的正中间，它与声波接收器一起构成声波传感器，为适应不同的需要，声波传感器可向上、向下、向两边转动，但转动角度不超过 90°；声波发射器发射的声波和声波接收器接收的声波相交包围的一小部分水体叫采样体，在其中我们进行水流速度的测量；连杆上套有一个锌环，主要是防止水中的电化学作用对连杆造成腐蚀。可调型测速探头上还附加有方向/倾斜度罗盘、压力传感器和温度传感器，从而能够进行坐标系的转换，提供即时压强值和修正由于温度波动而带来的声速差异。测速探头的作用相当于信息采集中心，将采集到的大量数据交由信号处理器收集整理。

三、操作规程

（1）连接好探头、采集器、计算机之间的连线。

（2）将探头安全固定在支架上，小心放置到要测量的流场中，探头的方向爪与来流方向平行，注意探头上半部黑色圆柱部分不能接触水面，也不能用力摔和碰撞探头。

（3）由于测量点是在探头以下（朝下探头）或以上（朝上探头）5cm 处，所以要根据实验水深选择适当的探头来消除测量盲区。

（4）接通采集器和计算机电源进行测量。

（5）软件操作流程如下。

1）双击图标，打开软件，进入如附图 C-2 所示界面。

2）在 data collection 内修改测试文件保存的目录，如附图 C-3 所示。

3）根据探头编号，选择探头所需配置的文件，并载入，如附图 C-4 所示。

4）根据测试流速，选定流速测试范围，如附图 C-5 所示。

5）点击连接 ADV 探头，如附图 C-6 和附图 C-7 所示。

6）点击右上角绿色的 Start，然后点击 Start recording，然后点击 Start burst 按钮，开始记录数据文件，如附图 C-8～附图 C-10 所示。

7）当数据记录完毕后，点击右上角的 Stop 按钮，如附图 C-11 所示。

8）点击 Start 开始新一组数据的采集，如附图 C-12～附图 C-15 所示。

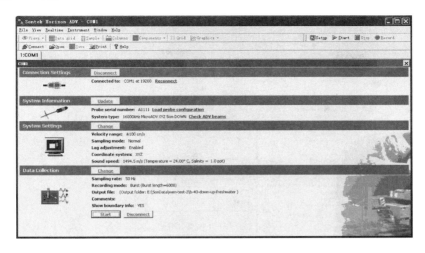

附图 C-2

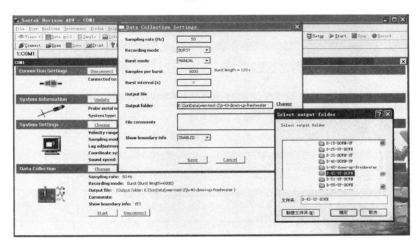

附图 C-3

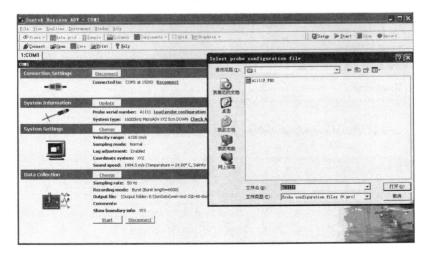

附图 C-4

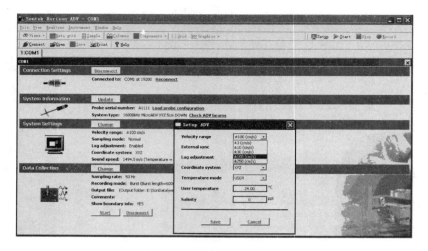

附图 C-5

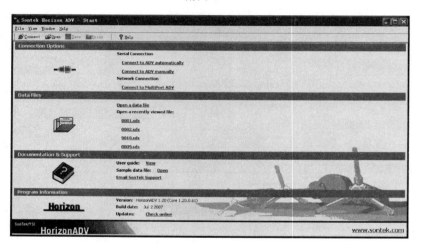

附图 C-6

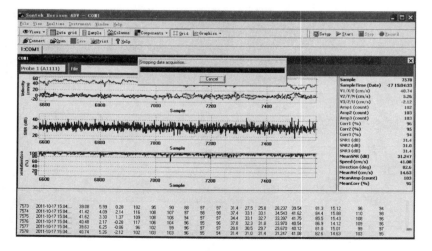

附图 C-7

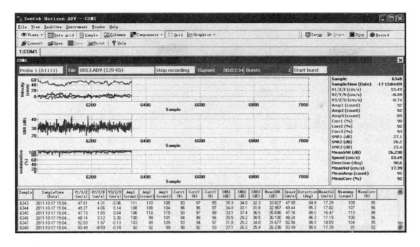

附图 C - 8

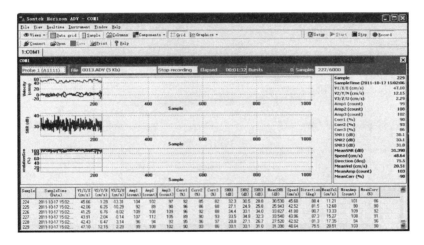

附图 C - 9

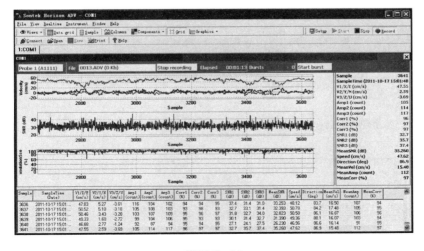

附图 C - 10

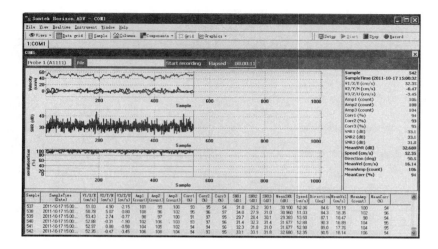

附图 C-11

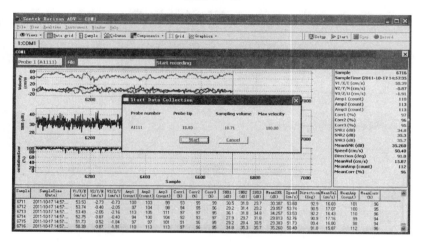

附图 C-12

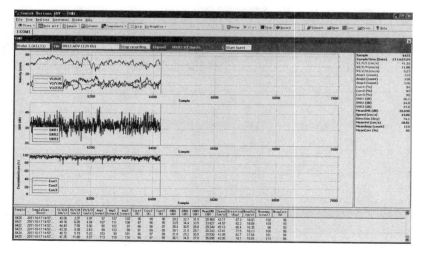

附图 C-13

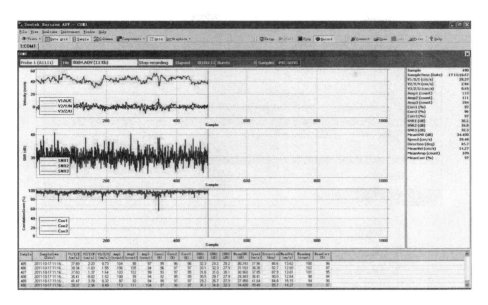

附图 C - 14

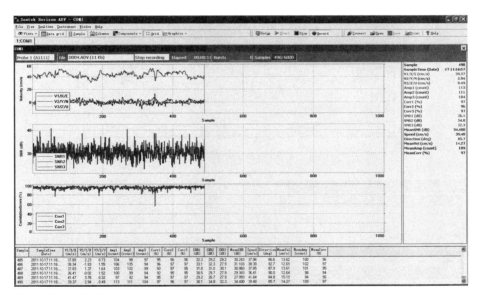

附图 C - 15

四、数据处理

按以下步骤，依次点选，即可将数据导出。

（1）打开软件，从 File 点击 Open，如附图 C - 16 所示。

（2）选择 .ADV 文件，如附图 C - 17～附图 C - 19 所示。

（3）数据文件导入后选择标签栏上的 Export，具体见附图 C - 20～附图 C - 22。

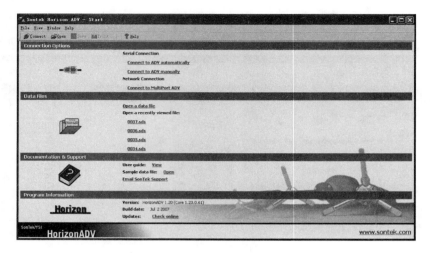

附图 C - 16

附图 C - 17

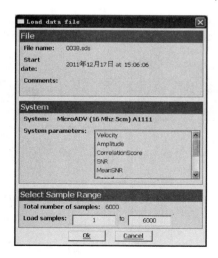

附图 C - 18

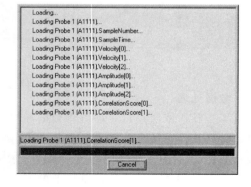

附图 C - 19

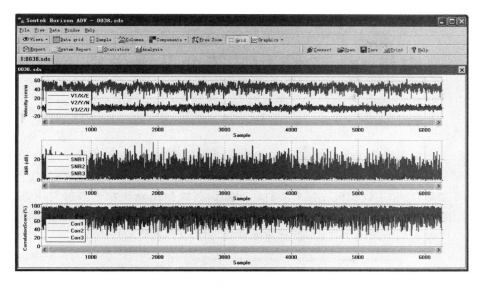

附图 C-20

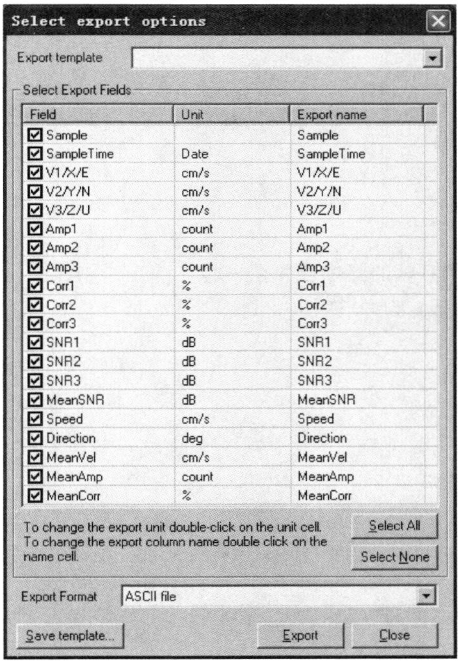

附图 C-21 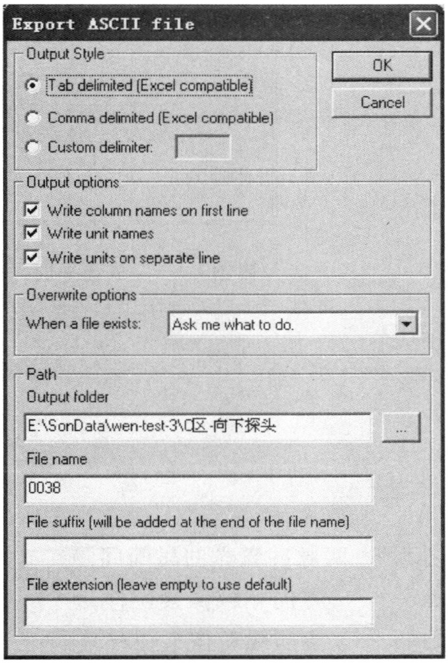   附图 C-22

按照上述顺序即可将数据导出。

附录 D 二维 PIV 简介及操作规程

一、简介

PIV 粒子图像测速系统由三个主要部分组成：光路成像部分、图像记录部分和数字图像分析显示部分。基本原理是在流场中投放示踪粒子，用脉冲激光片光源照亮流场测试区域，通过一个与之垂直的 CCD 相机在很短的时间间隔内连续拍摄两张粒子散射光图像，用图像处理互/自相关算法得到两张图像粒子位移，并用它除以两张图像的时间间隔，得到全场的瞬时速度。成像平面见附图 D-1。瞬时速度见式（D-1）和式（D-2）。

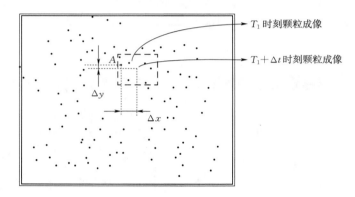

附图 D-1 成像平面（将 A 帧和 B 帧的图像合并在一起）

Δx—x 方向颗粒实际位移；Δy—y 方向颗粒实际位移

$$u_x = \frac{\Delta x}{M \Delta t} \tag{D-1}$$

$$u_y = \frac{\Delta y}{M \Delta t} \tag{D-2}$$

式中 M——放大率；

Δt——两脉冲激光的时间间隔；

Δx——x 方向颗粒像素位移；

Δy——y 方向颗粒像素位移；

u_x——x 方向的瞬时流速；

u_y——y 方向的瞬时流速。

粒子图像测速技术对流场是非接触式测量，不干扰流场，是研究各种复杂流场的一种理想技术。

二、操作规程

1. 系统总图

PIV 系统由主机、泵浦激光电源、YAG 激光器、同步器、靶盘、CCD 相机光导臂组成。系统整体布置见附图 D-2。

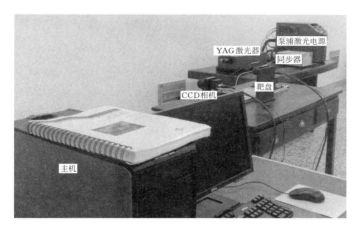

附图 D-2　系统整体布置图

2. 硬件连接

PIV 系统各个部件之间连接对应关系详见附图 D-3～附图 D-12。

附图 D-3　YAG 泵浦激光电源正面板

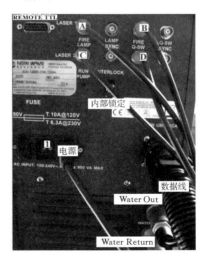

附图 D-4　YAG 泵浦激光电源后面板

附图 D-5　YAG 激光器总体图

附图 D-6　YAG 激光器前面板示意图

附图 D-7　YAG 激光器后面板接线图

附图 D-8　同步器正面板

附图 D-9　同步器后面板

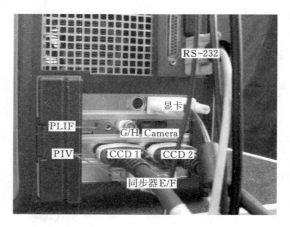

附图 D-10　主机接口

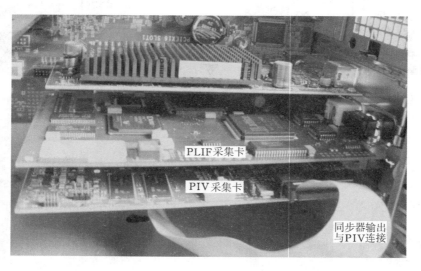

附图 D-11　主机内部连接

附图 D-12 CCD 相机连接图

3. 激光器的使用说明

（1）YAG 激光器按键说明。如附图 D-3 和附图 D-4 所示，按钮 1、2 为激光器电源开关；3 为激光频率调节旋钮；4 为激光能量调节旋钮；5、6 为氙灯的内外触发转换按钮；7 为激光能量切换键；8 为激光 Laser1 发射键；9 为激光 Laser2 发射键；10 为激光器关机键；11 为激光器加水口；12 为激光器启动开关。

说明：

1）实验时，一般不使用面板上的激光频率调节旋钮 3 和激光能量调节旋钮 4。

2）激光器由内触发（面板控制）转为外触发（电脑控制）后必须连续敲击 Laser1、Laser2 各一下，以顺利达到内、外触发的转换效果。

（2）YAG 激光器工作说明。激光器启动时，首先打开开关 1，此时面板上的 AC POWER 指示灯开启；再将开关 2 拧到开启位置；最后长按 START 键，待开关上面的指示灯闪烁 3～5 次后，激光器才能正常开启。如需关闭激光器，按 STOP 键即可。在激光和氙灯停止工作后，泵浦激光电源仍要延迟工作 10min，以保证氙灯的冷却效果。

说明：

1）激光器后面的电源开关 1 一般在长途运输的情况下才需关闭。

2）氙灯停止工作 10min 以上再关闭激光器，否则影响激光器内氙灯寿命。

3）由于激光器内部有冷却水系统，为了防止冷却水结冰，激光器不能在低于 0℃ 的环境工作。

4）当进行激光调试时，激光能量控制键应处在 LOW 档，当激光器进行图像采集时，键 7 应处在 HIGH 档。

5）确保激光器内的冷却水位高于总水位的 3/4，加冷却水时需按住激光器后面的泵源键，以便将内部的气泡放出，否则水位线显示的冷却水位将不是其真实的值。

6）激光器内的冷却水必须是去离子水。

7）当激光器进行长途运输时应将其内部的冷却水放出，具体操作步骤如下：将激光器后面的红色接头（Water Return）拔出，同时顶住红色接头连接位置的外环和主机接头上的内环，按住泵源键即可；具体结构如附图 D-4 所示。

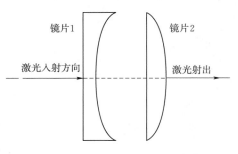

附图 D-13 片光源工作原理图

8）激光发射器的前端面有一个保护按钮，如附图 D-5 所示的安全开关，将其按下激光将不会发射出来。

（3）YAG 激光器镜头的工作原理。本激光器镜头由镜片 1 和镜片 2 组成，如附图 D-12 所示。激光经过镜片 1 和镜片 2，最终射出的是一条细长的竖线。工作原理见附图 D-13、附图 D-14。片光源如下：镜片 1：柱面镜，焦距为 -15mm，-25mm；镜片 2：球面镜，焦距为 1000mm，500mm。

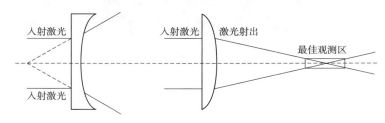

附图 D-14 镜片侧视图与俯视图

4. 相机使用说明

（1）相机后面的连接电缆禁止热插拔，应将相机的电源断掉后再将电缆拔出。在进行相机拆卸时，最好养成先将相机后部的电源接头拔掉再卸光缆的良好习惯；拆装时，红色圆点相对应。

（2）不使用相机时，一定要将光圈调至最小位置，即对准数值最大位置，必要时可将此位置进行锁定。调试相机时，如发现视场效果不好，可对光圈进行微调，一旦发现屏幕显示亮粉色，应立即盖上镜头盖。要注意的是，在有强光照射的情况下，尽量将光圈调至最小，即数值最大位置。

（3）禁止挤压相机的连接电缆，否则将造成相机内部短路，烧坏 CCD 芯片。

（4）在进行二维速度矢量场测量时，只使用一个相机即可，应该注意的是此时相机的光缆应接在电脑的 Camera Link 1 上，即远离主板的接口上（当主机正向放置时，位于左侧的接口即为 Camera Link 1）。

5. PIV 系统操作步骤

（1）戴激光防护眼镜。

（2）检查硬件连接。

（3）检查泵浦激光器电源的冷却水量在 3/4 以上（去离子水）。

（4）检查 CCD 相机，保证光圈最小（刻度值最大）。

（5）打开泵浦激光器电源开关（1，2），长按 Start 按钮（12），选定内部触发（5，6），选择低能量 Low（7）。

（6）打开同步器。

（7）打开 YAG 激光器安全开关，打开激光 Laser1、Laser2，调整流场位置，使激光片光源穿过流场。然后将触动开关转换为外部触发（5，6），再次点击 Laser1、Laser2，同时将能量调制 High（7）。可根据实际情况选择能量高低。

（8）开主机，打开软件，设置工作路径和当前进程。在软件面板中进行二维场测量的硬件设置，成功后，重启软件，注意工作路径和当前进程。

（9）标定，然后取走靶盘。

（10）预调，将 Laser A、Laser B 能量选为 High，点击 Capture，然后点击 Laser On，观察视图，如果视图很暗，调整光圈，使视图亮度足够清晰。如果视图出现了亮粉色，则立即盖上镜头，点击 Stop、Laser Off（2 次）；调小光圈，或将能量级别调低，再试，直到亮度满意为止。

（11）设置采集图片对数目以及序列起始编码。

（12）Exposure—synchronization；Capture—Sequence，设置 Timing Setup。

（13）测量：点击 Capture—Stop—Laser Off（2 次）。

（14）保存：Save RAM Images。

（15）后处理（三维需加入三维矢量处理器）。顺次关机，激光器延迟 10min 后再关机以保护氙灯。结束后将光圈调到最小（数值最大）。

6. Insight 3G 软件的使用说明

（1）二维平面内速度矢量场的测量。

（2）启动 Insight 3G 软件。软件安装流程如下：

1）安装 Tecplot Focus 2008，拷贝密钥 Licence 到其安装文件夹下。

2）安装 Insight 3G 9.0.5，将 Insight 3G 9.0.5.2 光盘下的 Insight 3G 文件夹复制到 9.0.5 文件夹下，替换即可。

3）点击运行 Insight 3G，输入密码，OK！

在打开软件前要确保激光器和同步器均已启动。

（3）新建实验文件夹。在进行新实验时，要在硬盘上建立文件储存位置，分别点击 Experiment/Run 和 New run 面板建立新文件夹。新建文件夹在工作树中显示为亮黄色，并有 R 字母标识 ![R]，如无上述显示，右键单击想设定的工作文件夹，选择 Set Experiment as Current 项。在此需要注意的是，文件名不能以数字结尾，否则软件报错。具体事项查询 Insight 3G 帮助文件的第五章，文件位置为 C:\program files\TSI\manuals\insight 3G. pdf。

（4）硬件配置设置。点击 Tools | Hardware Setup...

1）在 Frame Grabber 下选择 64 - bit Frame Grabber。

2）在 Camera 下选择 630057 powerview 2M plus 型相机，此型号在相机的背面有标识（就是对应的我们所用的相机型号）。

3）在 Connection 下选择 X64 - 1 - serial - 0。

4）在 Application 下选择 PIV Mono。

5）在 Synchronizer 下选择 610035 同步器（使用的型号）。

6）在 Laser 下选择 YAG new wave。

7）在 Connection 下选择 COM1。

设置完毕后点击 OK。

说明：以上设置完成后需重启软件，值得注意的是，重启软件后需重新设置存储文件夹，具体步骤如前所述。

（5）激光及同步器设置。点击 Tools｜Component Setup...

由于系统硬件的限制，Laser1 的最大发射频率为 15，为了保护硬件系统，在实际应用中，应留有一定的余量。为此我们通常把 Laser setup 下的激光最大发射频率设为 14.5，其他设置不需改动；当改动激光发射频率时，改动后的频率一定为上一次发射频率的 $1/n$。

在菜单栏单击 Tools｜Capture Perspective Cal. Images——做三维实验时才选用。

（6）二维实验的标定。注意：在熟悉了 PIV 系统操作步骤后，才能进行实验标定。

1）使相机对准待测速度场平面且与激光器垂直，调整前保证 CCD 与相机镜头平行（调整弧形转头）。

2）在所测平面上放一把尺子，使激光正好掠过尺子正对相机的表面（或者用靶盘标定，靶盘单元格距离为 10mm，使激光刚好掠过靶盘，靶盘的楞阶都能刚好反射光），关闭激光，转换为外部触发，同时再次点击 Laser1、Laser2 各一次，注意能量转换为 High。

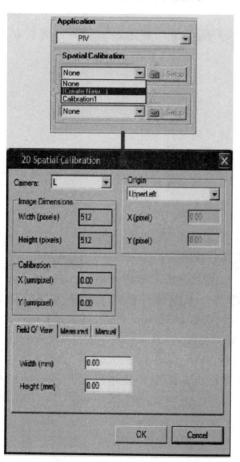

3）软件选择 Capture 面板，并根据 PIV 系统操作步骤所述，将其设置在调试状态，Laser 都设为 Off（ Application—PIV， Exposure—Free， Capture—Continuous），在保证相机光圈最小的情况下点击 Capture，此时电脑屏幕上将显示被测视场及标定的尺子。

4）如果图像很暗，可微微调大光圈，直至画面清晰，接下来调节相机焦距，使画面上尺子的刻度最清晰（或靶盘最清晰）；点击 Stop 得到一张流场图片。

5）选择 Processing 面板，选择 Application—PIV；Spatial Calibration—Create New ...新建一个 Calibration，双击，在弹出的对话框中点击 Setup，弹出 2DSpatial Calibration 对话框。在此对话框的 Camera 选项可以任选两个相机中的一个 L/R，然后点击 Measured 按键，此时在所示图像上画出一竖直线，并使其在尺子上的刻度为整数，点击 Measure，在显示出像素值后填入刻度尺的实际尺寸，点击 OK，具体显示见附图 D-15。此时完成标定。

（7）Capture 面板下的设置

点击控制面板上左下角的 Capture 选项，展开面板如附图 D-16 所示。

1）Application 下有 PLIF 和 PIV 两个选项，此时选择 PIV。

附图 D-15 标定面板

2）Exposure 下有 Free 和 Synchronized 两个选项，在对相机进行对焦及标定等调试工作时选择 Free 项；相机对实验模型采集图像时选择 Synchronized 项，表示相机与激光机进行同步测量。

3）Capture 下有 Single、Continuous、Sequence 三个选项，Single 为单张图片采集设置，一般情况下不使用；Continuous 为连续采集选项，但不进行图像的储存，一般在相机调试及标定时选择；Sequence 为多张序列采集，在实验数据采集时选择此项，选择此项时，点击旁边的文件夹标识，在出现的对话框中设置采集图片的张数（一对图片为一张），还可以设置图片开始的序列号等信息。采集的图片数不是很大的情况下，可先存在内存里，对图像进行筛选满意后，点击 Save RMA Images，图像就会转存到所设定的硬盘文件夹中。

4）进行 Capture Timing Setup 设置（帮助文件中的第六章有详细说明），设置窗口如附图 D-17 所示。

a. PIV Frame Mode 为图像的采集模式，由于进行速度矢量场的测量，此处必须选择 Straddle，即跨帧模式，相机采集图像时需要曝光两次；与其相对的选择为 Single——单帧模式选项；A、B 两帧的跨帧时间为 200ns（由系统硬件决定的，红色信号），200ns 前是 A 帧，200ns 后是 B 帧。同一粒子采集的两帧图片不能超出 1/4 网格。粒子位移 $=V \cdot$ Delta T，其中，V 为粒子速度，Delta T 为 Laser A 和 Laser B 两束激光发射的时间间隔。

附图 D-16　Capture 面板

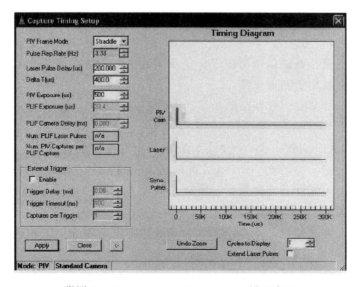

附图 D-17　Capture Timing Setup 设置窗口

b. Pulse Rep Rate 为激光发射频率，由于先前设置的激光最大发射频率为 14.5，所以此处的频率只能按 14.5 的 $1/n$ 倍减小。

c. Laser Pulse Delay 为激光脉冲延迟时间，一般不小于 $400\mu s$，实验中一般采取默认值 $400\mu s$。

d. Delta T 表示 Laser A 和 Laser B 两束激光发射的时间间隔；根据流速选择（高速应选小 T，测点会较多，更真实，而大 T 会导致流场失真；低速应选大 T，而小 T 会导致速度为 0），YAG 激光器脉冲的脉宽为 $3\sim 5ns$，在流体力学领域中，$3\sim 5ns$ 时间间隔内可认为流体是静止的。

e. PIV Exposure 表示相机曝光时间。要保证：激光 A 和 B 必须跨帧，即相机 A 的曝光时间 PIV Exposure 应大于激光脉冲延迟时间 Laser Pulse Delay，小于 Laser Pulse Delay＋Delta T，具体关系见附图 D-18。保证红色的两帧跨帧触发时间在绿色的两次激光脉冲触发时间范围之内，就是保证一个脉冲在 A 帧捕捉，一个在 B 帧捕捉；以 $450\mu s$ 为例，A 帧曝光 $450\mu s$，B 帧在 $450+100\mu s$ 后曝光一直到 $34k\mu s$，B 帧的曝光时间是 A 帧的 2 个量级以上，目的是把 A 帧图像上传到主机进行存储。Pulse Rep Rate＝14.5Hz，表示下一次脉冲重复时间为 1/14.5s，也很长，是为了把 B 帧图像也上传到主机进行存储。先设置 Delta T，最后点 Apply。

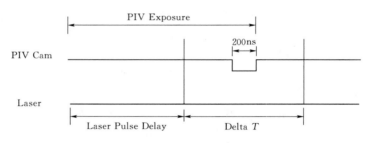

附图 D-18　曝光时间原理图

5）Laser A、Laser B 的设置。当激光器设为外触发且做图像的采集时，应将两者选在 On 位置，在调试的时候可选为 Off。点击右侧的 ▓ 图标可以调节激光能量的大小。能量分为高、中、低三个等级，低能量选项用于标定及调试，中能量选项既可用于调试也可以用于图像采集，高能量一般用于图像采集。

6）⬚⬚ 使用说明。只有在激光器选为外触发形式时，Laser On 和 Laser Off 键才可用。

⬚ Laser On 为激光开启键；⬚ Laser Off 为激光关闭键，需要说明的是，当激光处于发射状态时，点击此键一下，关闭 Q-switch，此时激光不再发射，但是氙灯仍在工作，再点击此键，氙灯关闭。由于氙灯有寿命限制，所以一般在不进行图像采集后，最好将氙灯关闭；所以在测量时，此键应点击 2 次。

⬚ Capture 为图像采集键，观察所测实验场的清晰度，用于标定时观测。

⬚ Stop 为图像采集停止键。点击后，可得到一张图片。

（8）Processing 面板下的设置。Processing 面板如附图 D-19 所示。

1）Application 的设置。测二维速度场时选择 PIV 选项，测三维速度场时选择 Stereo

PIV 选项。

2）Spatial Calibration 的设置。此项的设置过程见（6）二维实验的标定。

3）Processing Mask 的设置。此选项的作用是选定图像的处理范围。

a. 首先，在文件树 Exp Tree 中拖拽一张待处理的图片，或双击。

b. 在 Processing Mask 的下拉菜单下选择 Create New…，新建一个 Processing Mask。

c. 点击 Setup 按钮，弹出 Processing Mask 对话框，见附图 D-20。在 Camera 下选择实验所使用的相机；勾选 Show only area to be processed，此时屏幕上只显示所选区域；Invert 按键可改变框选的方向；点击 All Frames 将处理方法应用到全部要分析的采集图像；根据想要分析的区域任意选择 Rectangle、Ellipse、Polygon 三个选项中的一个，然后用鼠标在图像上框选出分析区域，点击 OK，分析区域定义完毕。

附图 D-19 Processing 面板

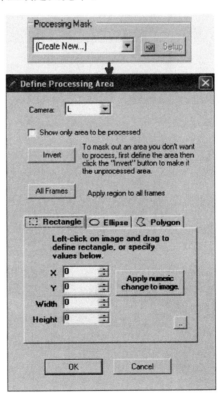

附图 D-20 Define Processing Area

d. 定义完 Processing Mask 后，即可在此选项下选择所需要的分析区域类型，具体操作见附图 D-21。

4）Pre-processing 的设置。此项的作用是对采集的图像进行背景的加、减、乘、除等处理。

附图 D-21 Processing
Mask 设置界面

在 Pre-processing 新建一个文件夹，将弹出 Processor Pipeline Editor 对话框，如附图 D-22 所示。在 Processor Modules 中双击要选的模型，此模型将进入 Pipeline 中，点击 OK 即可。如想移出 Pipeline 中选定的模型，只要选中要移出的对象，点击对话框上面的 remove 键，或 Delete 键。

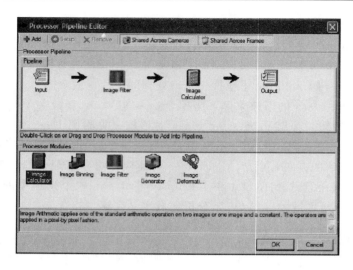

附图 D-22 Pre-processing 设置界面

附图 D-23 Image Calculator
设置界面

执行一个 Pre-Processor Pipeline 的步骤如下：打开一张图像，在 Pre-Processor 下拉菜单中选择设置好的 Pipeline 模型，点击 Start 即可。此操作可与 Processor、Post-Processor 一起使用。

Image Calculator 的设置如下：单击 Image Calculator，点击 Setup 键，弹出的对话框如附图 D-23 所示，在 Operation 下选择所需算法，在 Operand 选项下选择背景的查找路径，点击 OK 即可；具体的操作步骤见帮助文件的第七章。

5）Processing 的设置。此项主要的作用是设置显示图像的像素值。在 Processing 下新建一个文件夹，选定后点击旁边的 Setup 键，弹出对话框如附图 D-24 所示。

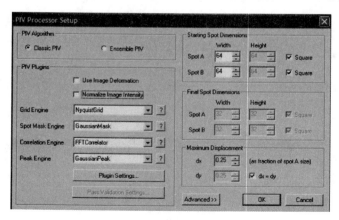

附图 D-24 PIV Processor Setup 界面

在 PIV Algorithm 中选定 Classic PIV，Starting Spot Dimensions 下的 Spot A 和 Spot B 值可设置网格值的大小；值越大，说明划分的网格越大，网格数目越少，显示的数值点也相对变少，一般情况下，设置为 32 即可，如觉得太大或太小，可相应地做出调整。设置完毕后，点击 OK。

6）Post - Processing 的设置。以上各项设置完成后，进入后处理的设置，在 Post - Processing 的下拉菜单选择 Create New...，新建一个文件夹，点击 Setup，弹出 Vector Validation Pipeline editor 如附图 D - 25 所示，其中第 2、3 个用于去除坏点操作。

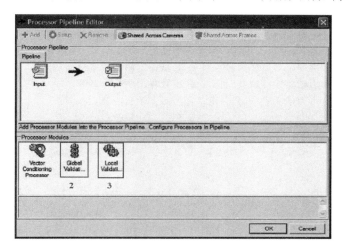

附图 D - 25　Post - Processing 设置界面

在 Processor Modules 中双击要选的模型，此模型将进入 Pipeline 中，点击 OK 即可，具体效果图见附图 D - 26 所示。

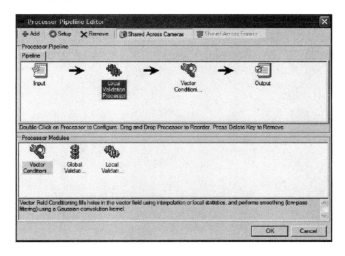

附图 D - 26　Processor Pipeline 设置界面

在选定好图像及各项的处理模型后，点击 Start 对所选图像进行后处理，分析后的结果将自动储存在工作文件夹下的 Analysis 文件夹中。双击分析结果，各点的速度将以 Excel 表格的形式呈现在工作区，CHC 值小于零的点为坏点，分析时应将其删除。点击显示屏幕上的 Tool 选项可设定显示图像特征（更改矢量大小、显示去除坏点等）。此软件与 MATLAB 和 Tecplot 有接口，直接点击即可。

参 考 文 献

［1］ 赵昕，张晓元，赵明登，等. 水力学［M］. 北京：中国电力出版社，2009.

［2］ 李大美，杨小亭. 水力学［M］. 武汉：武汉大学出版社，2004.

［3］ 李炜，徐孝平. 水力学［M］. 武汉：武汉水利电力大学出版社，2000.

［4］ 杨小亭，冯彩凤，李琼. 水力学实验［M］. 北京：中国水利水电出版社，2008.

［5］ 毛根海. 应用流体力学实验［M］. 北京：高等教育出版社，2008.

［6］ 赵振兴，何建京. 水力学实验［M］. 南京：河海大学出版社，2001.